犬だけの世界

人類がいなくなった後の犬の生活

ジェシカ・ピアス＋マーク・ベコフ
吉嶺英美 訳

青土社

A Dog's World
A Dog's World
A Dog's World
A Dog's World
A Dog's World
A Dog's World
A Dog's World
A Dog's World
A Dog's World
A Dog's World
A Dog's World
A Dog's World
A Dog's World

Imagining the Lives of Dogs in a World without Humans

Jessica Pierce + Marc Bekoff

犬だけの世界

目次

犬だけの世界

人類がいなくなった後の犬の生活

クリスティ・ヘンリーに

1章　人類がいなくなったら、イヌはどうなるのだろう

ドッグランやソーシャルメディア、さらにはイヌ関連のおしゃべりでも最も盛り上がるのは、自分の愛犬がいかに野生からかけはなれているかという話題だ。うちのルーファスは公園でリスを見ると猛ダッシュで追いかけるけど、あっという間に逃げられて、リスは木の上で高みの見物さ。うちのマヤは、追いかけているウサギが左に曲がっても、そのまままっすぐ走っていくの。ベラのやつ、ヘラジカの銅像に猛然と吠えてるんだ。ボビーは、風に舞う紙袋をひたすら追いかけてるよ。ディケンズったら、雨の日はおもてで用を足すのを嫌がるの。ナットは気温が一五度を下回ると、タータンチェックのセーターを着てもブルブル震えてるんだ。ジェスロは別荘に行くと、野生動物の気配を感じただけでしっぽをまいて逃げてくるよ。こんなエピソードを披露しあっては、私たちはやれやれと首を振り、私みたいな飼い主がいておまえは幸せだよ、と愛犬に言って聞かせる。「私がいなかったら、この世界で生きてなんかいけないよ」と。

まあ、冗談はさておき、本当にイヌは人間がいないと生きられないのだろうか。お皿にドッグフードを入れてもらい、凍える夜や酷暑の昼をしのぐ場所を用意してもらい、危ない目に遭わないよう気を配ってもらわなければ生きられないのだろうか。私たちは二人とも、いかにも生存能力が低そうなこんなイヌたちと長年一緒に暮らしてきた。そしてイヌの生存能力を考えるたび、私がいなかったらおまえは生きていけないよ、と愛犬に言い聞かせてきた。けれどそんな私たちでも「イヌは人間がいなくても生きていけるのか」という問題を真剣に考えたことはなかった。そう、科学ジャーナリスト、アラン・ワイズマンの著書『人類が消えた世界』を読むまでは。ワイズマンはその著書で「私たち人類が明日、突然消えてしまった世界を想像してほしい」[1]と読者に語りかけている。人類が消えた世界、けれど人類以外のすべてはこれまでどおり生き残っている世界だ。そのとき、あなたの家はどうなるだろう。あなたが通勤する街や食料品店、スポーツクラブ、街角のレストランはどうなるのか。住んでいる都市を取り巻く生態系に何が起こるのか。人類による占領という大きなストレスから解放された地球に、いったい何が起こるのか。そして私たちは考えたのだ。もしそうなったら、イヌたちはどうなるのだろうか、と。

ワイズマンの著書に好奇心をかきたてられた私たち二人は、では人間がいなくなった地球でイヌはどんな生活を送るのかと考えた。そして考えれば考えるほど、もしかしたら私たちはイヌに謝らないといけないかもしれないと思い始めた。多くのイヌは人間のいない世界を生き抜くことができる、それどころか繁栄する可能性だってあると思えてきたからだ。そこで私たちはワイズマンの『人類が消えた世界』の思考実験を、イヌに焦点をあてて考えてみた。イヌが大自然の風景の一部となり、生き生きと暮らす世界を想像してみたのだ。

ワイズマンの思い描く未来図にイヌはほとんど登場しない。おそらく、彼の注意がイヌに向いていなかったからだろう。だがもしかしたら、彼は人間のいない世界に暮らすイヌの未来はそれほど明るくないと考えていたのかもしれない。イエイヌに関する彼の数少ない言及によると、少なくともマンハッタンでは「ペット犬の子孫は、捕食動物たちによって絶滅する」らしい（一方、「野生化した飼いネコはしたたかに」ムクドリを食べて生き延びるそうだ）[2]。つまりイヌは、私たちなしには生きられず、生き残ることはできないというわけだ。けれど人間が消えたあとのイヌの運命は、本当にそれほど単純で悲劇的なのだろうか。じつは私たちは、そう思っていない。

人類が消えたとき、イヌはどうなるのか

本書を書こうと思い立ち、調査を開始した私たちは、ペットの飼い主たちが交わす「私がいないとうちのイヌは生きていけない」というやりとりに耳をすまし、メモを取りはじめた。そして気がついたのだ。自分のイヌが自力で生き抜けるかどうかを、飼い主たちは驚くほど頻繁に口にしているということに。そこで今度は友人たちに、もし人類が消えたら、あなたの愛犬やそのほかのイヌはどんな運命をたどると思うか尋ねてみた。すると、うちのイヌは野生の片鱗もないと答える人もいるにはいたが、多くの飼い主は、イヌはなんとかやっていけると思うと答えたのだ。では、私たちの質問への回答例をいくつか紹介しよう。


「イヌは絶対に生き残れないと思う」

「イヌは大丈夫。彼らはそれほど人間を必要としてないよ」

「ボーダーコリーとジャーマンシェパードは心配ないけど、チワワは絶対に無理だと思う」

「小型犬のほうが生き残れるだろうな。大型犬より根性があるし、粘り強いから」

「明らかに自衛能力の高い大型犬のほうが有利ですね」

「最終的にイヌはすべて中型犬になるんじゃないかな」

「イヌはすべて、オオカミに戻ると思う」

「イヌはオーストラリアの野犬、ディンゴみたいになると思う」

「〈野生〉で育ったイヌのほうが、甘やかされたペット犬よりは生き残りやすいでしょうね」

「どんな状況でも、イヌは生き抜く力を身につけるよ。チョルノービリの立ち入り禁止区域に住むイヌがいい例だ[3]」


ホワイトボード一面に書き出したこれらの回答を見ているうちに、繰り返し出てくるある要素に気がついた。多くの人が、イヌが生き残るうえで重要なこととして、イヌのサイズ、すなわち身体の大きさを挙げていたのだ。とはいっても、どのサイズのイヌが最も生き残る可能性が高いかについては、人によって意見が大きく異なった。また、獲物を捕まえる意欲や、獲物を追跡する能力こそが、生き残る可能性を決定するという声も多かった。それまでの経験、特に野良犬として過ごした経験が有利に働く、という意見もあった。また、そのイヌの性格によると答えた人も多く、堂々としていて大胆なイヌのほうが、臆病で慎重すぎるイヌより生き残る可能性は高いはず、という声もあった。

では、イヌを研究する科学者たちのあいだでも、人類滅亡後のイヌに関する意見は分かれるのだろうか。その答えのヒントになりそうなのが、二〇一八年に『タイム』誌に掲載されたサイエンス・ライター、マーカム・ハイトのエッセー「私たちのいない世界でイヌはどうやって生き抜くのか」だ。彼は、人間なしにイヌが生きていくとしたら、というテーマで、甘やかされてきたペット犬が突然、人類が消えた世界に放り出されたらどうなるかについて書いている[4]。ハイトは、ネコは自立しているから人間がいなくても生き残れるが、多くのイヌは「食料などの資源をほかの大型哺乳類と奪い合ったら、おそらく勝てないだろう」と書いている。だが同時に彼は、数千年の家畜化で「イヌという種全体が、自立して暮らす能力を失う」ことなどあるだろうか、と疑問も投げかけている。[5]

そこでハイトはこの問いを何人かの専門家にぶつけてみた。彼らの答えは、人類が消えた後もイヌは生き残れるか、という問いに関する最初の科学的推測となるわけだが、そこにはすでに本書でこれから取り上げるいくつかの重要なテーマが言及されていた。結局、生き残るイヌの種類や、適応性の高い特質に関する専門家の見解は分かれたが、彼らの大半は、人類が滅亡してもイヌはなんとか生き残るだろうと答えていた。

ハイトはまず、例の『人類が消えた世界』の著者、アラン・ワイズマンにインタビューを試みた。ワイズマンはイヌが生き残る可能性については悲観的だったが、著書で記していた見込みよりはもう少し含みのある答えを返してきた。「イヌは自力で生きるのが得意ではありません……私たち人間は、ほとんどのイヌから狩猟本能を奪ってしまいましたから」。イヌの大半は生き残れない、特にオオカミやコヨーテのような野生動物と直接対峙すれば、まず無理だろうとワイズマンは考えていた。「野生動物のほうが勝つに決まっています」と言うのだ。[6]

これと対照的なのが『イヌはどのようにイヌになったか（*How the Dog Became the Dog*）』の著者、マーク・デアで、彼は最初の調整期間が過ぎれば、イヌもじゅうぶん生き残れると答えている。イヌはイヌ同士で自由に繁殖するうえ、オオカミやコヨーテとも繁殖するようになる、「オオカミは好色なので、相手のえり好みをしないイヌを拒むことはない」というのだ。[7] また、小型犬は捕食されやすいが、彼らには彼らなりの強みがある。食料はわずかですむし、狭い場所に隠れて競争相手や捕食者から逃げることもできる。さらに小型犬のなかには、恐ろしく向こうっ気が強いものもいる。デアは「どう猛な」ラット・テリアなら、「小動物を捕食して生き残れるかもしれない」とも語っていた。[8] 初期のイヌの集団は、食料調達のために同盟を結ぶと思われるが、その同盟にはオオカミの群れほどの結束力はなく、たぶんコヨーテが形成するような緩やかな協力関係になるだろう。イヌは協力関係づくりに長けているため必要とあればネコとだって手を組むかもしれず、いざとなれば一緒に大型動物を追いつめて罠にはめることだってしかねない。また、イヌは雑食で「食料」の定義も広いので、これも生き延びるうえでは有利に働くはずだ。そして自然選択が働き、やがては「体重二五キロから三五キロぐらいのどう猛なピットブルタイプのイヌ」が誕生するだろう。[9] ちなみに犬種のなかにはその形態から、生き残りが絶望的なものもある。デアはその例として、子犬の頭が母犬の産道より大きく、自然分娩が不可能なブルドッグを挙げ、ブルドッグこそが人為的な繁殖がもたらした結果にほかならないとし、「ブルドックが自分で帝王切開するようにでもならない限り、彼らが生き残れるとは思えない」と語っている。[10]

ハイトの取材に、大きさが標準からはずれるイヌは生き残りにくいだろうと語ったのは、ブランディ・フォグと共に『最初の家畜化：オオカミとヒトはどのように共進化したか（*The First Domestication: How Wolves and Humans Coevolved*）』を著したレイモンド・ピエロッティだ。マスチフやニューファンドランド、セントバーナードなどの大型犬は、「体に対して臓器が小さすぎるため、たぶんすぐに絶滅する」と彼は言う。また大型犬は「狩の名手になるには図体が大きすぎる」が、小さすぎるイヌはほかの動物の餌になってしまう可能性が高い。ゆえに、最近のオオカミを祖先とするアラスカン・マラミュートやハスキー、秋田犬などが「一番うまくやれるだろう」という。このようにオオカミに似た犬種のオスなら、オオカミには本来備わっているが、ペット犬はほとんど失ってしまった父親の育児行動の片りんが残っているかもしれないからだ。また、ボーダーコリーやオーストラリアン・キャトル・ドッグ、ハウンドドッグなど「狩猟能力が残っている」犬種も、生き残る可能性はある。(11)

本書の共著者、マーク・ベコフは、最終的に生き残る可能性を決めるのは犬種ではなく、個々のイヌの知能とスキルではないかと語っている。「イヌのなかには狩りが得意なものもいれば、食料調達が得意なものも、抜け目がなく要領がいいものもいる」からだ。(12) では、未来のイヌとはどんなイヌなのか。それは誰にもわからないとベコフは言う。未来のイヌが、イヌ科の祖先に似た動物になる可能性は低く、オオカミに似た動物になることも考えにくい。そうなるには、自然に起こりうる以上の選択的な繁殖が必要になるからだ。同様に、未来のイヌはオオカミ犬にも、オオカミとコヨーテの雑種にもならないだろう。「そのためにはイヌとオオカミ、またはイヌとコヨーテの繁殖が長期間繰り返されなければならないが、そんなことはまず起こらない」と彼は言う。したがって将来のイヌは「よりバラエティに富んだ、新しいイエイヌだ」というのがベコフの結論だ。(13) 予想されるもう一つの変化は、イヌの年二回の発情周期がオオカミやコヨーテのように年一回になり、生まれてくる子の総数が減少するということ。それが何世代か続けばイヌの社会構造も、階層的で結束の固いオオカミの社会構造と似たものになるかもしれない。その結果、「イヌは集団で生活するようになり、集団内に上下の階層ができるだろう」と彼は語る。(14) また、イヌは自らも狩りをするだろうが、ほかの大型肉食動物が仕留めた獲物もあさるだろう。

マーカム・ハイトのエッセーで最も興味深かったのは、未来のイヌの生き残りを左右すると思われる要因がまさに多様で多岐にわたる点だ。人類滅亡後の世界を生きるイヌはたんにペットフードをもらえなくなるだけでも、獣医にかかれなくなるだけでもない。不案内で複雑な生態系を自力で生き抜き、ほかのイヌや動物たちとうまくつきあいながら、共存、協力、競争していかなければいけないのだ。

マーカム・ハイトがインタビューをした専門家たちと同様、私たちも、イヌは人類滅亡後に生き残る、それどころか繁栄することとさえ可能だと感じている。その理由を簡単に言えば、イヌは行動に柔軟性があるうえ、多才で日和見的だからだ（生物学者が言う「日和見的」とは、その生命体が多種多様な環境条件に耐え、好ましい条件が出現したときには速やかにそれを利用できることを指す）。さらに、イヌが自力で生きていけることを示す証拠もすでにある。現在、地球上には約十億匹のイヌがいるが、「ペット」犬として生きているのはそのうちのごくわずかだ。世界のイヌの大半は屋内に住んでいない、あるいはたまに屋内に住む程度で、自立して暮らしている。たぶん人間が廃棄したものを食料源にしているのだろうが、彼らは社会的交流も獣医療も、さらには精神的な支えや精神的刺激も人間に依存してはいない。だとすれば、イヌは人間の支えや世話を必要とし、人間がいないと生きていけないなどという考えは大間違いなのかもしれない。

私たちの最大の関心事はイヌが生き残れるか否かではない。もちろん生き残るイヌの種類やその理由を考えることにも意味はあるが、なんといっても一番知りたいのは、人間が消え、イヌだけの世界になったとき、彼らがどのような姿になるのかだ。

進化論的思考実験

本書は、人間のいない未来におけるイヌのサバイバルと進化を考える思考実験だ。この思考実験に乗り出すにあたり、私たちはより大局的な観点、すなわち進化の軌跡を予測する思弁的生物学でこの問題に取り組もうと考えた。このような思考実験は、「もし……だったら、何が起こるか（または、起こったか）」という問いの形をとるのが一般的だ。たとえば、もし地球に隕石が衝突した六五〇〇万年前に恐竜が絶滅しなかったら、どうなっていただろうか（そもそも人類は進化しなかったのではないか）、といった具合だ。そして今回の思考実験における私たちの問いは「もし人類が消えたら、イヌたちはどうなるのか」だ。

まずは、約二万年にわたって続いてきたイヌの家畜化、いわゆる飼い慣らしプロセスが突然途絶えてイヌの再野生化が始まったとき、何が起こるかを想像してみたい。繁殖に人間が介入しなくなったとき、イヌはどのような姿になるのか。「人為」選択が自然選択に切り替わったら、短頭（頭蓋骨の鼻先部分が短いこと）と呼ばれる不適応な形質はどのぐらいの期間で一掃されるのか。もしペットフードや人間の残飯をもらえなくなったら、イヌは何を食べて生きていくのか。イヌは集団を作るのか、もし作るとしたら集団の大きさやその社会組織はオオカミの群れのようになるのか。野生化したイヌは、周囲の生態系をどのように変えるのか。

以下は、人類滅亡後のイヌの世界を考える私たちの、出発点となる予測だ。それぞれの予測については、この後の章で詳しく検討していく。

・イヌがどう変化するにしても、彼らがオオカミに戻るとは考えにくい。たとえ人類がいなくなっても、リバースエンジニアリングのようなことは起こらないだろう。つまり、たとえ家畜化のプロセスが巻き戻されてイヌが退化しても、人間と接触し始めたころのオオカミには戻らないということだ。おそらく人間が消えた後のイヌは、まったく新しい動物、あるいはほぼ新しい動物になるだろう。また、その生息環境も彼らの祖先のそれとは大きく異なるはずだ。現在との最も大きな違いは、イヌの進化を促す主要な生態的要因と思われる人間由来の食料資源がなくなることだ。

・イヌは、耳の位置や形、しっぽの長さ、成長パターン、被毛の色など、特定の身体的特徴を持つように犬種改良されてきた。また、友好的で温和な性質といった行動特性や、獲物の場所を教えて仕留めた獲物を持ってくる、あるいは動物の群れを追い集めて見張るといった犬種特有の機能を持たせるために犬種改良も行われてきた。このような特性はどれも、イヌの外見に対する人間の好みならびに人間の仕事や趣味にとって有益という基準で選ばれてきたため、なかにはイヌ自身にとって有益なものもいくつかあるが、それ以外はほとんどが不適応である可能性が高い。

・身体の大きさも重要な要素だが、必ずしも絶対的な優劣があるわけではない。最適な大きさは、そのイヌの生息地や入手可能な食料資源、空間を共有するほかの動物などの地域的条件によって異なる。

- 発情周期は年二回から年一回に戻る可能性がある。
- なかにはオオカミやコヨーテと繁殖するものもあらわれる。
- 鼻先が短い短頭などの不適応な表現型はすぐに絶滅する。
- 食料探しや安全確保など、これまで経験したことのない問題に対応しなければならず、革新こそが生き残り成功の鍵になる。
- 飼い主の有無にかかわらず、現在、自由に歩き回っているイヌの行動を見れば、人類滅亡後のイヌの行動、少なくとも人類滅亡直後のイヌの行動は予測できる。
- イヌは、多様な生態系に適応できると思われる。

思弁的生物学とは、既存の枠にとらわれない考え方と想像力を駆使して、あり得るかもしれない事柄を探求する学問だ。とはいってもその基本にあるのは進化論と既存のデータであり、探求はできるかぎり科学的で現実的なシナリオに基づいて進められる。そこで私たちは、人類滅亡後の世界でイヌに何が起こるかを予測するためにまずはイヌ科動物の行動と生物学、そしてより一般的な社会的肉食動物の研究データにあたることにした。だがなんといっても私たちが一番頼りにしたのはイヌの生態と行動の科学的データベース、特に世界中で自活する何百万匹もの自由に歩き回るイヌ《フリー・ランギング・ドッグ》および野犬の生態と行動に関するデータベースだ。

イヌに関する科学的知識は、この五〇年間で飛躍的に充実した。しかし現在わかっているイヌの行動の大半は、研究室で飼育されているイヌの比較研究で明らかにされたものだ。もちろんこういった研究は有益だし、私たちの研究の基礎になっていることも事実だ。しかし私たちの思考実験にとって最も興味深い洞察を示してくれるのは、自由に歩き回るイヌの行動とその社会生態を研究する世界中の研究者たちだ。

自由に歩き回るイヌの研究は難しい。多くの場合彼らの縄張りは非常に広く、居所を突き止めるのもひと苦労で、死亡率も高い（たいていの場合、その死の原因は人間だ）。そのうえ彼らの活動時間はもっぱら夕暮れや夜明けの薄暗い場所なので、行動も把握しにくい。そもそも彼らを研究しても、誰も喜んではくれないのだ。生物学的に興味深い野生動物でもなければ人間の友でもない彼らは、「野生化した」狂犬病持ちの厄介者、野生の動物と家畜化された動物のはざまの冥府に住むどっちつかずの生き物でしかない。また、研究室内の研究のように管理されているわけでもない「たんなる」観察研究であるため、批判されることも多い。自由に歩き回るイヌを研究するある専門家は、ただ観察するだけの研究なんてまったく価値がない、と学会で揶揄されているとぼやいていた。

しかし自由に歩き回るイヌへの研究は、イヌ本来の姿やその生活への理解を深めるうえで有益だし、むしろ飼育下にあるイヌを対象とした研究より多くのことがわかることもある。たとえば、飼育下にあるオス犬が子育てに参加することはまずないが、だからと言って、人類滅亡後の世界でもオス犬は子育てに参加しない、あるいは良い父親にはならないと決めてかかるのは早計で、逆の可能性だって大いにある。スティーヴン・スポットは著書『オオカミと自由に歩き回るイヌの社会（*Societies of Wolves and Free-ranging Dogs*）』で自由に歩き回るイヌの行動を包括的に検証し、「飼育下のイヌに社会的表現型の発現がないからといって、その表現型が消滅したという証明にはならない。だからこそ自由に歩き回るイヌは興味深い観察対象なのだ」と述べている。[15] では、イヌの繁殖パターンやそのほかの行動タイプに関する謎を解くには、どこを見ればいいのだろうか。たぶんそれは、多くのイヌの繁殖能力が無力化されていない場所、すなわち「イヌの発展途上国」だ。皮肉にもイヌについて最も多くのことを学べるのは、イヌの多くがペットとして飼われていない場所なのだ。そして人類滅亡後の世界で最も生き残れそうにないのが、ペットとして甘やかされ、餌にキャビアをもらっているような「最高の待遇」を受けているイヌたちだ。

人間のいないイヌの未来を想像すれば、私たちは従順な（あるいはそれほど従順ではない）ペット、働き手、セラピスト、ゴミ箱のあさり屋、野良犬といった文化的役割を負ったイヌではなく、イヌ本来の姿に光を当てることができる。それだけでなく、人間がイヌの繁殖や行動への介入を完全にやめたとき、イヌがどのような姿になるかも考えることができる。

喪失のタイムフレームと規模

まずは世界から人類が消えたとき、この地球で暮らすイヌの生活がどうなるかについて考えていこう。私たちが仮定するのは、すべての人類は忽然といなくなるが、地球はほぼそのままの状態、つまり居住は可能だが、大きな被害を受けているという状態だ。「人類滅亡後の世界」とは、「すべての人類が消えた後」を意味する。もちろんこれは架空の筋書きで、すべての人間が忽然と消えるなどということは地球規模の大災害、それも巨大な隕石が衝突してすべての生物が絶滅するといった大災害でもない限りありえない。また、たとえ人類がいなくなっても、残された生物が気候変動の影響を受け続けることに変わりはない。しかし世界的な気候変動が一〇年後や五〇年後、さらには一〇〇年後、一〇〇〇年後に地球の生態系に与える影響を予測することは非常に難しい。したがってこの問題についてはひとまず後回しということにする。

私たちにとって重要なのはイヌの生存の見通しを検討するにあたっての時間枠、すなわちタイムフレームだ。イヌたちが最も大きな変化を経験するのは人類が消滅した第一日目で、この時に彼らが感じる変化は一年後や一〇〇年後、一〇〇〇年後の変化よりはるかに大きい。そして時が経てば経つほど、生き残ったイヌに自然選択が働く時間も長くなる。人類が消えた直後のイヌは、体形や身体の大きさ、被毛のタイプ、頭部の形などの身体的特徴にも行動的特徴にも、まだ人為選択の影響が残っている。また、人類が消えた直後（一二年から一五年）のイヌは、人間と共に過ごした場所またはその近くで暮らし、ある程度は人間や人為的環境に依存して生きていくだろう。したがってその時代を生きるイヌは、その後の時代を生きるイヌより強烈に人間の不在を感じるはずだ。だが一〇年から一五年が経過してすべての人類が完全にいなくなったら、彼らはみな野犬になり、最終的には野生に戻って新種を形成するか、絶滅するだろう。

タイムフレームの重要性を強調するために、私たちはイヌを「移行期」のイヌ、「第一世代」のイヌ、「後世代」のイヌに分けることにした。「移行期」のイヌは人類が消えたときにいたイヌ、すなわち人間とある程度接触があったイヌ、「第一世代」のイヌは人間と接触した経験のあるイヌから生まれたイヌを指す。そして三〇年も経てば、この第一世代のイヌもいなくなる。したがってその次の世代となる「後世代」のイヌこそが、真の「人類滅亡後の世界のイヌ」というわけだ。

人類のいない未来について考える意義

人類がいなくなった世界に生きるイヌを想像することは、生物学上、非常に興味深い。しかしこの思考実験の本当の意義――そして私たちが本書を書こうと考えた究極の動機――は、現在のイヌのあり方を明確に理解すること、ひいては人間とイヌの倫理的な関係の輪郭を明らかにすることにある。もしかしたら私たちはこの思考実験を通じて「野良犬は餌ももらえないし、孤独でかわいそう」とか、「イヌは人間の最良の友」といったこれまでの固定観念がじつは間違いだったと気づくかもしれない。いやそれどころか、イヌと共に暮らす人々がつねに気にしている問題、すなわちイヌにとっての良い生活とは何か、もっと言えば、どうすればうちのイヌに豊かな経験と充実感、そして喜びに満ちた幸せな生活を与えてやれるかという問題の答えが出るかもしれない。

これまで私たちはイヌと人間の平和的共存を実現する方法について、「イヌと関わりの深い人たち」（イヌ好きな人、イヌを飼っている人、イヌの保護活動家）と多くの時間をかけて話し合ってきた。そのやりとりで繰り返し登場したのが、イヌが真に求めているのはイヌらしくいられる環境、イヌらしさを発揮できる環境だ、という意見だった。しかしイヌたちがイヌ本来の姿で過ごし、イヌならではの自然な行動をとれるようにするにはまず、私たちがイヌとはどんな存在かを理解しないといけない。だがこれは非常に複雑で、難しい問題だ。そんな難問に取り組む方法の一つが、人間の存在を排除して考えるこ

囲み1.1：人類滅亡後のイヌの呼称

移行期のイヌ：人類が消えたときに存在し、人間と接触があったイヌ。約一五年後には、「移行期のイヌ」はいなくなる。

第一世代のイヌ：人間と接触していたイヌから生まれたイヌ。約三〇年後には、「第一世代の犬」はいなくなる。

後世代のイヌ：真に「人類滅亡後の世界のイヌ」と呼べるイヌ。

とだ。当然ながら「そんなこと無理だ。イヌは人間と一緒にいてこそイヌであり、彼らの存在意義は人間の伴侶、人間の忠実な相棒であることだ」という反論が出るだろう。しかし本当にそれがイヌの存在意義だろうか。むしろその思い込みが、イヌ本来の姿をきちんと理解する妨げとなっているのではないか。イヌが人間から切り離された未来を考えることで、私たちは現在の価値観や思い込みを見直すことができるのではないだろうか。人間のいない世界を生きるイヌの本を書くことで、きっと「どうすれば、今のこの世界でイヌに最善の暮らしを提供できるか」という難問の答えが見つかるはずだ。

次の章では、現在のイヌのあり方と、そもそも彼らはどのようにしてイヌになったのかを考え、「私たちが消えたらイヌはどうなるか」という思考実験の土台作りをする。まずは現代のイエイヌの起源に関する科学者たちの知見を探り、イヌがどの程度人間に依存しているのか、人間の直接的操作によってイヌがどの程度「創り出された」のかを知る手がかりを探していく。それはきっと、人類が滅亡したときにイヌがどうなるかを推測するうえで有益な情報となるはずだ。

2章　イヌの現状

もし人類が消えたら、現在一〇億匹近くいるイヌは自力で生きていくことになる。ではこのイヌたちは今、どのような状況にあり、どこに住んでいるのだろうか。彼らの自然な行動や生活史パターンとはどんなもので、彼らはどの程度人間に依存して生きているのだろうか。これから述べていくように、人間のいない世界でイヌはどうなるのかという問いに簡単な答えはない。なぜなら、ひと口にイヌといってもその種類は信じられないほど多く、彼らが人間の居住環境を利用する方法も無数にあるからだ。そのうえ彼らが現在どのような存在で、どのように環境に適応しているかも驚くほど知られていない。三章から六章では、人類滅亡後のイヌに何が起きるかを探るが、まずこの章ではその土台作りとしてイヌとはどのような存在なのか、生きていくうえでどの程度人間に依存し、どのような戦略で世渡りをしているのかを見ていく。現在のイヌを知ること、それは人間のいない世界でイヌがどのように生き、新たな進化的圧力に応じてどう進化するかを考えるうえで大いに参考になるはずだ。

イヌは系統樹のどのあたりに位置しているか

まずは、私たちが知る個々のイヌ、たとえばソファで丸くなったり、読書の邪魔をしてフリスビーで遊ぼうとせがんだりするペット犬ではなく、もっと広い視野でイヌを考えてみたい。生物学者や動物学者がするように、地球上で進化した生命の広大な広がりのなかにイヌを位置づけ、イヌとはどんな動物かを考えるのだ。だがこう言うと、何か非常に初歩的なことに聞こえる。学校にあがったばかりの子どもでも、イヌとは脚が四本、目が二つあり、よくきく鼻としっぽを持つ哺乳類であることは知っている。しかしもっと細かく見ていけば、人間の最良の友と言われるイヌのことを、私たちはほとんど知らなかったことに気づくはずだ。

では、動物学者たちはイヌという動物種をどう見ているのか。じつは彼らはイヌのことなど見向きもしていない。というのも科学者たちは、イヌを自然分類群の範囲外とみなす傾向があるからだ。そのいい例が生物の分類体系だ。イヌは、この分類体系からはずされることが多く、動物学の教科書に登場することもめったにない。たとえば生物学者、ルーク・ハンターの著書『世界の肉食動物（*Carnivores of the World*）』にも、イエイヌへの言及はない。ホセ・カスティージョが著した、あの権威ある『世界のイヌ科動物（*Canids of the World*）』にはイヌも含まれてはいるが、説明は短い一段落だけ。それもイヌ科の系統樹からは除外されているのだ[1]。（系統樹、すなわち進化樹とは、進化の道筋を描いた図で、さまざまな種の進化上の関係性を表している）。系統樹からイヌが除外されているのは不思議だが、おそらく系統樹は伝統的に、自然選択によって進化した「野生」動物だけを対象にしてきたからだろう。それが正しいかどうかは別にしても、イヌは従来、人間の創造の産物、人為選択の結果と考えられてきたのだ。（図2．1を参照）

系統樹ではイヌは哺乳類網、食肉目（「主に肉を食べる食肉動物」）に分類されるが、この食肉目はイヌ

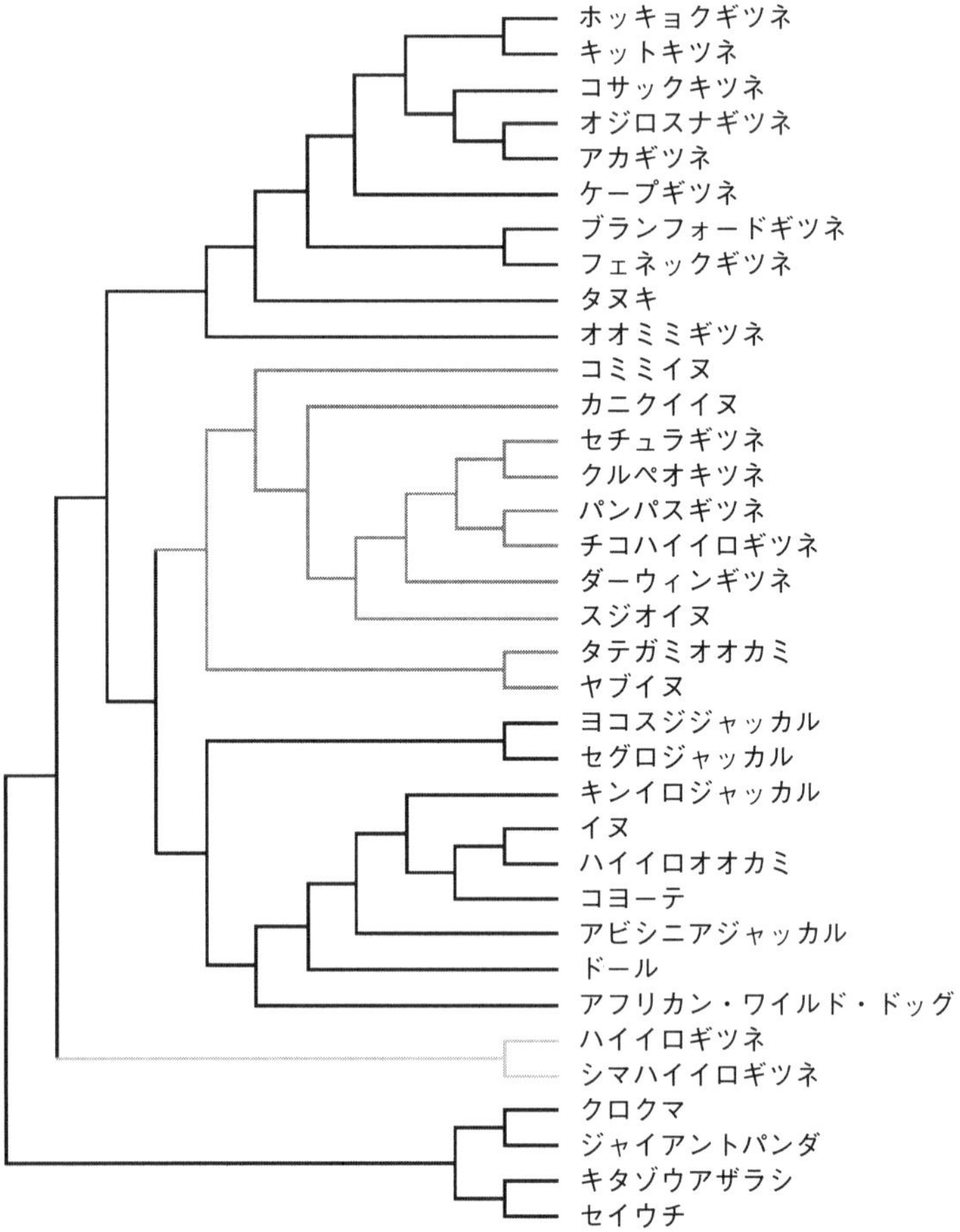

図 2.1　イヌ科の系統樹。K. リンドブラッドトー、C. ウェイド、T. ミケルセン、そのほかによる「イエイヌの遺伝子配列、比較分析およびハプロタイプ構造」（*Nature* 438 [2005]：803-19）を修正、再描画。

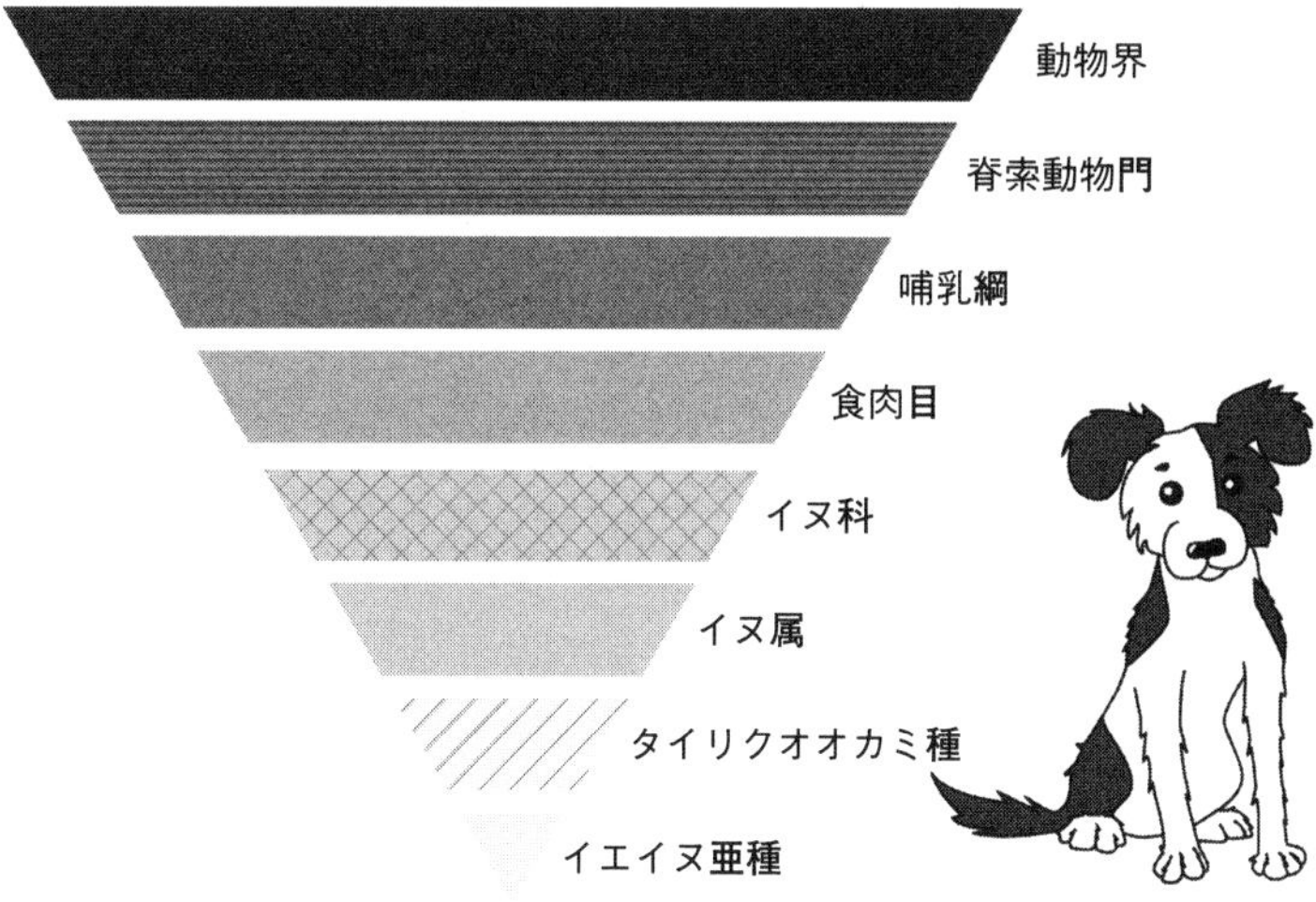

図 2.2　イヌの分類。生物学では、共通の特徴によって生物を分類することを分類学と呼ぶ。

亜目（イヌはここに分類される）とネコ亜目（ネコはここに分類される）に分かれる。イヌは「形態学的に多様な、イヌに似た食肉動物」であるイヌ科に属し[2]、このイヌ科には三六の現存種がある[3]。そしてイヌは、オオカミやコヨーテ、ジャッカルと同じイヌ属に分類される。（図2．2を参照）

専門家の間ではイヌをCanis familiarisに分類してイヌとオオカミは別々の種であることを示すべきという意見と、Canis lupus familiarisと分類してイヌはオオカミの亜種であることを示すべきという意見があるが、とりあえずここではCanis lupus familiarisを採用し、その分類規則に従うことにする。ちなみにイヌには多くの犬種があるが亜種はない。「品種（イヌの場合は犬種）」は分類学上の分類ではなく、たんに人間がイヌを含む家畜動物を分類するときに使う、定義の不明確な用語でしかない。一般に品種とは、同じ家畜動物や植物のなかでもほかとは違う共通の行動特性や身体的特徴を持つグループを言う。

私たちはイヌの系統樹が芽吹いた進化の土壌に注目することで、人間が消えた後にイヌがどう生きていくかを知るヒントを集めることにした。また、イヌ科動物の行動的、身体的特徴に注目すれば、さらに多くの手がかりを集めることができるはずだ。

イヌ科動物の特徴とは?

生物学者が考えるイヌ科動物の特徴とはなんだろうか。イヌには、骨格や頭の形、歯、被毛、脚など、独特の身体的特徴がある。たとえばすべてのイヌ科動物の歩行スタイルは、かかとを地面につけずに指先だけを地面につけて歩く指行性だ。また、脚は細くて長く、走るのに適している。

イヌ科動物には共通の行動もある。たとえば彼らは家族や小さな集団で生活し、集団内で互いに協力する。また、発情期があり、単婚で、親が子育てをし、おば、おじ、そのほか血縁のない成獣も子育てに参加する。さらに繁殖に対する社会的抑圧(集団内のある個体がほかの個体の繁殖活動を行動的または生理的に禁じる)もあれば、優勢順位もあり、若年成獣は長期的に社会集団に組み込まれる。そして単発情性、すなわち「発情」期が一年に一度という点も共通している。肉食動物の専門家、オックスフォード大学のデイヴィッド・マクドナルドとクラウディオ・シレロズビリはこのほかにも、イヌ科動物の生物学的「共通点」をいくつか挙げている。彼らによればイヌ科動物の行動は多才かつ日和見主義的で、コミュニケーション能力が高く、分散して行動する傾向にあるという[4]。

こういった共通の特徴はあっても、イヌ科動物の外見や生活手段、生活する場所は多様性に富んでいる。そのような多様性の一つが彼らの身体のサイズだろう。たとえばフェネックギツネの体重は九〇〇グラムほどでちょうど靴箱に収まるぐらいだが、ハイイロオオカミは七〇キロ近くあり、大型のSUV車の後部にやっと収まる大きさだ。また、イヌ科動物のなかには非常に狭い地域にしか分布していないものもいる。たとえばダーウィンギツネが生息するのは、チリの本土とチロエ島だけだ。一方、ハイイロオオカミやアカギツネなどは複数の大陸に生息している。イヌ科動物の生息地は多様で、砂漠から乾燥した草原、山岳地帯、沼地、大都市、さらにはツンドラ地域や氷原まで幅広い。

彼らはまた社会行動のバリエーションも広く、その行動は生息地や生活方法と強く結びついている。たとえばオオカミは一般に結束の強い群れで生活し、主食である大型の有蹄類を仲間と協力して仕留めている。一方、コヨーテは家族で生活する姿も見られるが、通常は単独またはオスとメスのペアで生活し、小型の哺乳類を単独で、または仲間と協力して狩っている。キツネは単独で生活する傾向があり、狩りも単独でするが、群れで生活する姿も目撃されている。

イヌ科動物は生態環境によって、行動パターンを変えることもある。コヨーテがその一例で、彼らを見れば、たとえ同じ種でも生態環境が違えば行動が変わるのがよくわかる。研究者たちは、冬の食料の有無がコヨーテの行動に大きく影響することを突き止めており、冬、その地域に住むすべてのコヨーテに十分いきわたるだけの食料があれば、彼らはオオカミの群れに似た群れを作ることが多いという[5]。このような群れは通常は拡大家族で、群れから出ていくものもいれば、入ってくるものもある。ときには小さな諍いもあるが、その社会構造はそれぞれの自己主張と必ずしも攻撃的ではない交流によって維持されている。一方、全員にいきわたるだけの食料がないときは、コヨーテはペアまたは単独で生きていくのが一般的だ。

イヌ科動物の身体の大きさや見た目が非常にバラエティに富んでいることは先にも述べた（たとえばフェネックギツネとオオカミは大きさも見た目も全然違う）。特にイヌは、同じ種（種内）でも体型や行動が極端に違う。たとえば身体の大きさで言えば、イヌは哺乳類のなかでも最も多様性のある種で、一・八キロほどの小型犬から八〇キロ近い大型犬（おやつの食べ過ぎでぽっちゃり体形ならもっと重い）までさまざまだ。なお、イヌ科動物の行動に見られる「一貫した特徴」はイヌにも共通で、彼らはコミュニケーション能力が高く、社交性も高く、気まぐれで日和見主義的だ。とはいえいくつか例外もある。たとえば、イヌ科動物に共通する行動の一つが単婚だが、イヌは複婚の場合もある。またイヌは、メスの発情周期が年に一回ではなく二回ある唯一のイヌ科動物でもある。

イヌ科動物の例にもれず、イヌも幅広い行動戦略を持っている。したがって未来のイヌの行動を決めるのはその地域に生息する獲物の大きさや獲物の入手可能性、イヌの個体数の規模といった生態学的条件なのかもしれない。つまり生息地の生態学的条件によって、イヌはオオカミのようにも、コヨーテやキツネのようにもなる可能性があり、新たな行動様式を身に着けて異なる社会システムを作ることも考えられる。

イヌがイヌになるまで

イヌと野生の近縁種との最大の違いは、イヌ科動物で家畜化されたのはイヌだけという点だ。イヌの先祖はオオカミで、遺伝子的にはハイイロオオカミと極めて近く、ミトコンドリアDNAの違いはわずか〇・二パーセントしかない。

じつは現代のイヌの起源についてはいまだに生物学者、古生物学者、人類学者のあいだで白熱した議論が続いている。研究者たちはイヌが家畜化された正確な時期を特定できておらず、DNA配列の解読と考古学データにより、イヌの家畜化が起こったのは四万年前から一万五〇〇〇年前の間としている。(6)最初に家畜化された動物といえば、それは圧倒的にイヌで――ほかの動物の家畜化より約五〇〇〇年早い――、イヌは狩猟採集民が家畜化した唯一の動物である可能性が高い。というのも、ほかの動物が家畜化されたのはどれも、農耕が発達した後のことだからだ。イヌの家畜化――イヌの繁殖パターンへの人間の介入――を巡っては意見が割れており、複数の事象が引き金になった（オオカミがさまざまな場所で、さまざまな時期にイヌへと進化した）と考える専門家もいれば、いや、一つの事象によってイヌの家畜化が起こったと考える専門家もいる。(7)ペア・イェンセンたちのグループはイヌの家畜化を「（無意識に行われた）史上最大の生物学的、遺伝学的実験」と呼んでいる。(8)

イヌがいつ、どのようにオオカミから進化したのか。この科学的な謎は、明らかになるというよりはむしろ、もっと泥沼化しそうだ。たとえばCNNは二〇一九年一一月、科学者グループがシベリア東部のヤクーツク近郊で子犬の遺体を発見したと報じた。ドゴール（ヤクーツク語で「友だち」の意）と名付けられたそのイヌは、約一万八〇〇〇年前に死んだものとみられ、永久凍土で氷漬けになっていた。その後、徹底的なDNA検査が行われたが、結局、専門家たちはそれがオオカミなのかイヌなのか、あるいはその両方の祖先にあたる動物なのか判断できなかった。[9]

家畜化された動物は、人間によって選抜的に育種され、行動的にも遺伝子的にも人間と共に暮らすように適応してきた。繁殖の管理は家畜化の重要な手段で、管理された繁殖を通じて望ましいと思われる形質が選抜されていく。ウィスコンシン大学の哲学者、エリオット・ソーバーは、選抜と選択を明確に区別しており、特定の形質——「人なつこさ」など——を直接的に選抜すると、意図せぬほかの形質（遺伝子学者が「ヒッチハイカー」と呼ぶ形質）が間接的に選択されることが少なくないとしている。[10] すなわちイヌに高度な社交性を持たせるための直接的な選抜が、野生の近縁種にはないほかの形質、たとえばぶちや白い斑点のある被毛といった色素変化を間接的に導入した可能性があるのだ。（自然選択の詳細については図2．3を参照）

人類学者のダーシー・モリーは家畜化を、生物進化の発現の一つと語る。[11] 家畜化は自然の成り行き、という彼の指摘は当たり前のようにも聞こえるが、じつは非常に重要だ。家畜化は「自然選択」ではない。だがそれでも「すべての生物進化は自然」という点ではやはり自然なのだ。また先にも述べたように、イヌの進化に対して人間ができる操作など部分的なものでしかない。たとえ特定の形質を私たちが直接選抜しても、進化が働く遺伝物質は非常に複雑であり、進化はそれほど簡単にも、直接的にも進まない。そして家畜化は今もなお進行中だ。家畜化はプロセスであり、個別の事象ではないからだ。

家畜化は、主に三つの影響を動物に与えており、その一つひとつが、人類滅亡後のイヌの未来に関わ

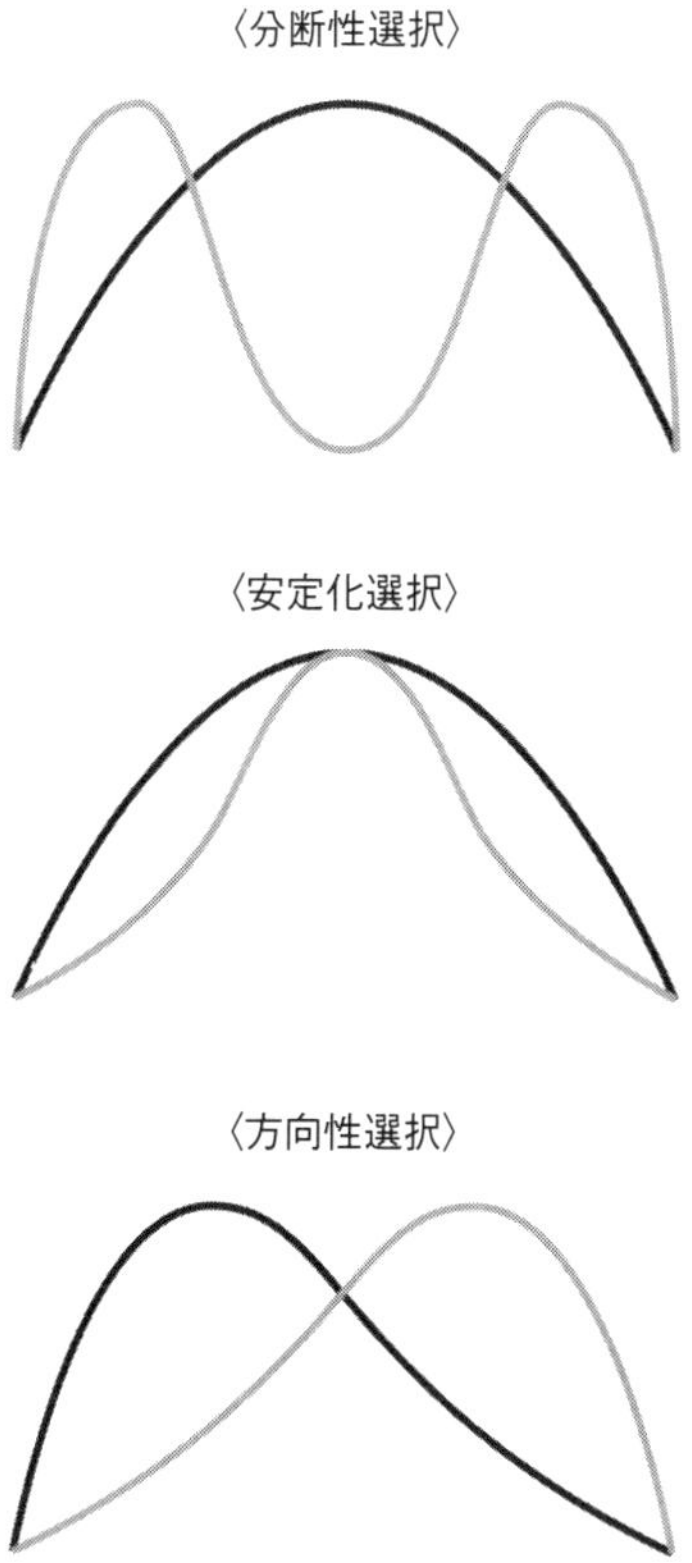

図 2.3　自然選択の三タイプ：詳しくない読者のために簡単に説明すると、科学者は自然選択を三つのタイプに分けている。〈安定化選択〉は、平均値付近の安定した表現型（特定の色、走行速度など）の選択を指す。イヌのブリーダーが繁殖基準を満たすイヌを生産する場合、一般には人為的に安定化選択を行う。〈方向性選択〉は、所定の表現型（足が速い、大型、生態系にマッチした毛色など）をより多く、またはより少なくなるようにする選択だ。この選択の典型が、いまや絶滅したギガンテウスオオツノジカの枝角で、彼らは角が大きくなりすぎ、首がその重さに耐えきれずに歩けなくなってしまった。蛾の工業暗化（都市の工業化が進むことで、生息する蛾の体色が明るい色から黒っぽい色に変化する現象）もまた方向性選択の典型例の一つだ。〈分断性選択〉は正常曲線の両端の選択だ（たとえば標準的な速度で走る個体は狙い撃ちされるので、走る速度が非常に速いか、非常に遅い個体が選択される）。左図は“Selection Types Chart” by Andrew Z. Colvin (Wikipedia Commons: Attribution-ShareAlike 3.0 Unported CC BY-SA 3.0) を再描画。

ってくる。その三つの影響とは：

一．一般に、家畜化された動物の個体数は、家畜化されていない動物の個体数よりずっと多い。ゆえにイヌの個体数も多いが、数の多さは彼らの生き残りに役立つのか。

二．家畜化されると、動物の身体は明確に変化する。まずは身体つきが近縁野生種よりも小さい。これは人間が早期の性的成熟を選抜したことで発育の速度や時期が変化した副作用だ。人間が早期の性成熟を選択したのは、性成熟が早ければ繁殖が速く進み、より多くの子孫が生まれ、望ましい形質をより速く選抜できるからだ。また家畜動物の小型化は、近縁野生種より摂取する栄養が低いことにも関係しているかもしれない。さらに、家畜化された動物は「幼形」すなわち成熟しても幼体の特徴をとどめている。オオカミと比べるとイヌは鼻面が短く、額の傾斜は急で、矢状稜（頭頂部の前後に走る竜骨状の骨性隆起）が小さく、脳も小さい。[12] では人類滅亡後の世界でイヌが自立して生きていくとき、このような身体的特徴のうちどれが適応的で、どれが生き残りを阻むことになるのだろうか。自然選択が働くようになると、これらの身体的特徴はどうなるのだろうか。

三．家畜化された動物は、行動の管理や修正がしやすくなるなど、行動にも特徴的な変化が起こる。トマス・ダニエルズとマーク・ベコフは、家畜化によって「（適切な条件下であれば）家畜は自らと異なる種とも絆を形成するようになり、社会関係を確立する社会化期間も延長された」と指摘する。[13] つまり、イヌは家畜化によって人間と絆を結ぶようになり、その絆を育む期間——

社会化の「感受性期」と呼ばれる生後三週から八週頃——も長くなったのだ。また家畜は社会的抑制が弱まるため、新しいものを嫌う近縁野生種よりも新しもの好き（「新しい刺激に近づいていきやすい」）だ。これは、新奇なものへの忌避感や服従的反応の閾値が上がり、新たな状況や、予想外の状況に恐怖を覚えたり、しり込みをしたりしにくくなるせいだ[14]。ではイヌが野生化した場合、家畜化で生じたこのような行動変化は、彼らの社会的行動にどう影響するのか。家畜ならではの社交性を、今度はイヌ同士、またはほかの動物との同盟づくりに「転用」するのだろうか。

イヌは世界に何匹いて、どこで暮らしているのか

現在、世界中のイヌの数は約一〇億匹とされ、イヌは地球上で最も多い哺乳類の一つとなっている。イヌとオオカミの推定個体数——オオカミは全世界で推定三〇万匹——を比べれば、イヌがどれほどうまくやってきたかは一目瞭然だ[15]。

この約一〇億匹のイヌは地球上のさまざまな生態系で暮らしており、生き残るための戦略も多岐にわたる。彼らはすべての大陸、生息可能なほぼすべての生態系で生息し、なかには生きるのに最適とは言えないような場所でその姿を見ることもある。

そしてイヌがいるところにはほぼ例外なく、人間もいる。イヌの世界的なプレゼンスにも、イヌの生

存にも直接的、間接的に影響を与えているのは人間で、人間はイヌが住みそうにもない南極大陸のような場所に彼らを連れていくことも少なくない。さらに人間は、生態系の自然な制約をはるかに超える数のイヌが、特定の地域に住みつく手助けもする。イヌのなかには人間から多大な直接的支援を受けるもの、すなわち特定の人間や家族から愛情を注がれ、食料、住まい、獣医医療を受けているものもいれば、飼い主がいなくても、人間から食べ物をもらったり、人間が出す残飯やゴミをあさったりすることで容易に食料を確保しているイヌもいる。しかし人間のいる場所に住み、人為的（人間が生み出す）資源に大きく依存しているからといって、イヌが生きるには人間の存在が必要不可欠というわけではない。

　人間の人口とイヌの個体数の推移はよく似た軌跡をたどってきたようで、どちらも過去一〇〇年で爆発的に増加した。現在のイヌの数と人間の人口をざっと見積もると、控えめに見てもその比率は、人間一〇人に対しイヌ一匹だ[16]。

　じつはイヌの地理的分布はあまり解明されておらず、データは断片的だ[17]。世界に一〇億匹いるイヌは決して世界中にまんべんなく分布しているわけではなく、国によっては、ほかの国より人間一人あたりの「イヌ密度」が高い国もある。たとえば国際的市場調査会社、ユーロモニターのデータによれば、アメリカ合衆国では人間四・四八人あたりイヌ一匹だが、サウジアラビアは七六九・二三人あたり一匹だ[18]。イヌ密度がこれほど違うのは、ペットを飼う習慣の有無や、イヌに対する文化的な見方の違い、人口密度の違い、あるいはこれらの要素いくつかの組み合わせや、そのほかの未確認の要素によるものだろう。ちなみにアメリカには八三〇〇万匹のイヌがいるとされているが[19]、ここで言うイヌとは「ペット」であることが暗黙の了解だ。しかしペットのイヌが八三〇〇万匹といっても、それが決して現実を適切に表していいるわけではない。この八三〇〇万匹のイヌすべてが家庭で飼われているイヌというわけではなく、いっときは家庭で飼われ、別の時は自由に歩き回っているというイヌもいる。また保護施設に閉じ込められているイヌや、飼い犬になったりストリート・ドッグになったりを交互に繰り返しているイヌも多い。なおアメリカにいる野犬の数は不明だ。また、イヌ密度は国によって違うだけでなく国内でもばらつきがあるが、イヌが集中しているのは都市部、すなわち人口密度の高い場所であることは世界的に一貫している。

したがって人類が滅亡すれば、必然的にイヌの地理的分布は変化し、イヌの再分布が起こるだろう。場所によっては、人間によるサポートがあったからこそイヌが生きていられたというところもあるから、そのような場所に取り残されたイヌにとっては、人間が消えたことによるダメージは測り知れない。また人類が滅亡した後に、かつての都市部で生きていくイヌは、人間がそれほど集中していなかった地域のイヌとはまた違う苦労をするだろう。もちろん苦労の種類が違うだけで、どちらの苦労が大きい、小さいという問題ではない。イヌの密集度や、それまでどの程度人間と接触していたかによっても、生き残れる可能性は変わってくるだろう。イヌが密集している地域なら、多様な遺伝子プールという強みがあり、交流や協力、繁殖の機会も多いが、それと同時に、資源を巡る競争が激化し、種間対立のレベルが上がる可能性もある。また、パルボウイルス感染症やレプトスピラ症、狂犬病などの感染症のリスクも高まるだろう。

生活環境：イヌとヒトの生態的地位

世界中にイヌが何匹いて、彼らがどこに住んでいるのかを把握することは難しい。けれどそれよりさらに難しいのが、イヌたちの生活環境の把握だ。いくつかの資料によれば、自由に歩き回り、主に、または完全に自力で暮らすイヌは、世界のイヌ全体の約八〇パーセント、「ペット」として生活するイヌ（本書では彼らを飼い犬と呼ぶ）は約二〇パーセントだ。この割合と、全世界のイヌの推定数を考え合わせると、自由に歩き回るイヌは世界でおよそ七億二〇〇〇万匹（迷い犬、ストリート・ドッグ、ビレッジ・ドッグ、飼い主はいるが放し飼いのイヌが含まれる）、そして飼い犬が一億八〇〇〇万匹いることになる。[20]

「イヌにとって自然な住まいはどこか」と尋ねると、学者も飼い主たちも一様に、「もちろん人間の家だ」と答える。しかし今述べたように、すべてのイヌが家庭で飼われているわけではない。というよりほとんどのイヌは「飼い犬」ではないのだ。ダーシー・モリーはイヌの家畜化に関する著書でイヌのことを「人間との家庭的関係という新たな生態的地位」に入り込んだ外来種と呼んでいる。[21] 同様に、ペア・イェンセンも著書『イヌの行動生物学（*The Behavioural Biology of Dogs*）』で、「イヌの生態的地位の最も基本的な側面は人間だということが、ますます明白になってきた」と書いている。[22]

モリーもイェンセンも、イヌの生活には人間が重要な役割を果たしていると指摘している。たしかにイヌは人間から供給される食料に大きく頼っているため、イヌと人間の生態的地位がかなりの部分重なっていることは間違いない。しかしその重なり合い方はさまざまで、人間への依存度もそれぞれ異なっ

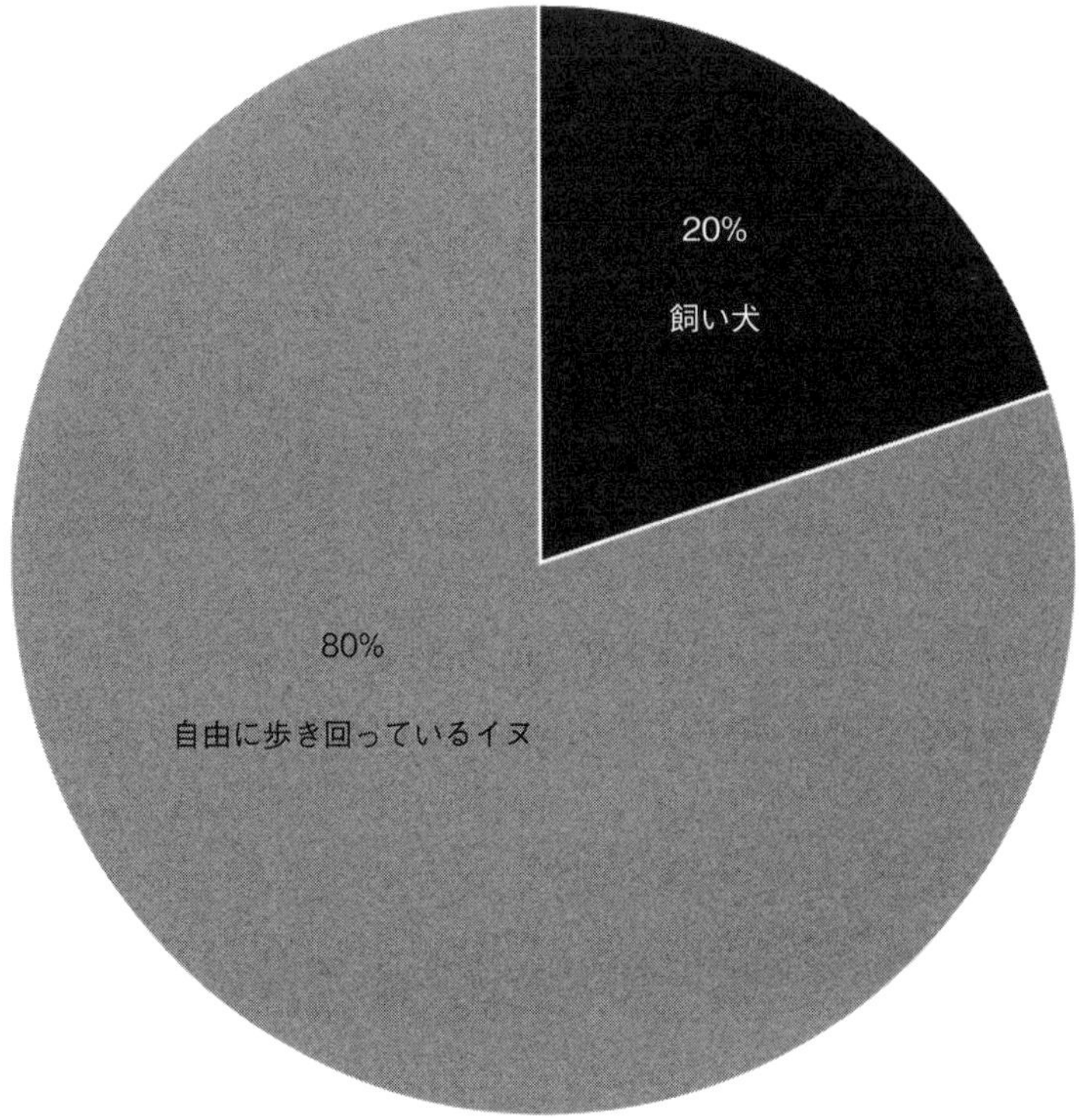

図 2.4 イヌの生活状況

ている。イヌのなかには人間に直接世話をされ、水や食料の供給から排せつ機会の提供に至るまでのすべてを人間に依存しているものもいれば、人間の直接的支援はいっさいなく、人間は間接的な食料源でしかないというものもいるのだ。それならば、イヌの生態的地位を探るほうが有用かもしれない。

　そもそも私たち人間から完全に独立して存在し、その生態的地位に人間がいかなる形でも関与しないイヌなどこの世に存在するのだろうか。私たち人間の活動が気象や生息環境に劇的かつ世界的な影響を与えている以上、イヌであれほかの動物であれ、人間から完全に独立しているものなどいないことは明らかだ。しかしその数はそう多くなくとも、イヌのなかには人間が出す生ゴミなどの食料に依存せず、機能的に独立し、人間とまったく交流を持たないものもいる。

今回の思考実験では、イヌの現在の生活形態や生態的地位が、将来の彼らの生存可能性にどう影響するかという問題を中心に考えていく。たとえば人間から独立しているイヌのほうが人類滅亡後も生き残る可能性は高いのか、人間の家や人間中心の生息環境に住むという選択肢がなくなったとき、イヌが占める生態的地位はいったいどのようなものになるのか、といった問題だ。

イヌの分類

イヌの分類に使われる用語は研究者によって異なり、人間と一緒、または人間の近くに住むイヌをどう呼ぶかは必ずしも統一されていない。世界のイヌの生活状況はさまざまで、その呼び方も「飼い犬」や「十分に管理されていないイヌ」、「囲いに入れられていないイヌ」、「自由に歩き回るイヌ」、「ストリート・ドッグ」、「コミュニティ・ドッグ」、「ビレッジ・ドッグ」、「野犬」、「二次的野生のイヌ」、「野生のイヌ」とさまざまだ。そこで、このようなイヌたちの呼び方に関して簡単に整理しておきたいと思う。もちろんここで「自由に放浪するイヌ」と「自由に歩き回るイヌ」のどちらの表現が適切かといった学術的問題を解決するつもりはないし、それぞれのカテゴリーに含まれるイヌの詳しい数に焦点をあてる

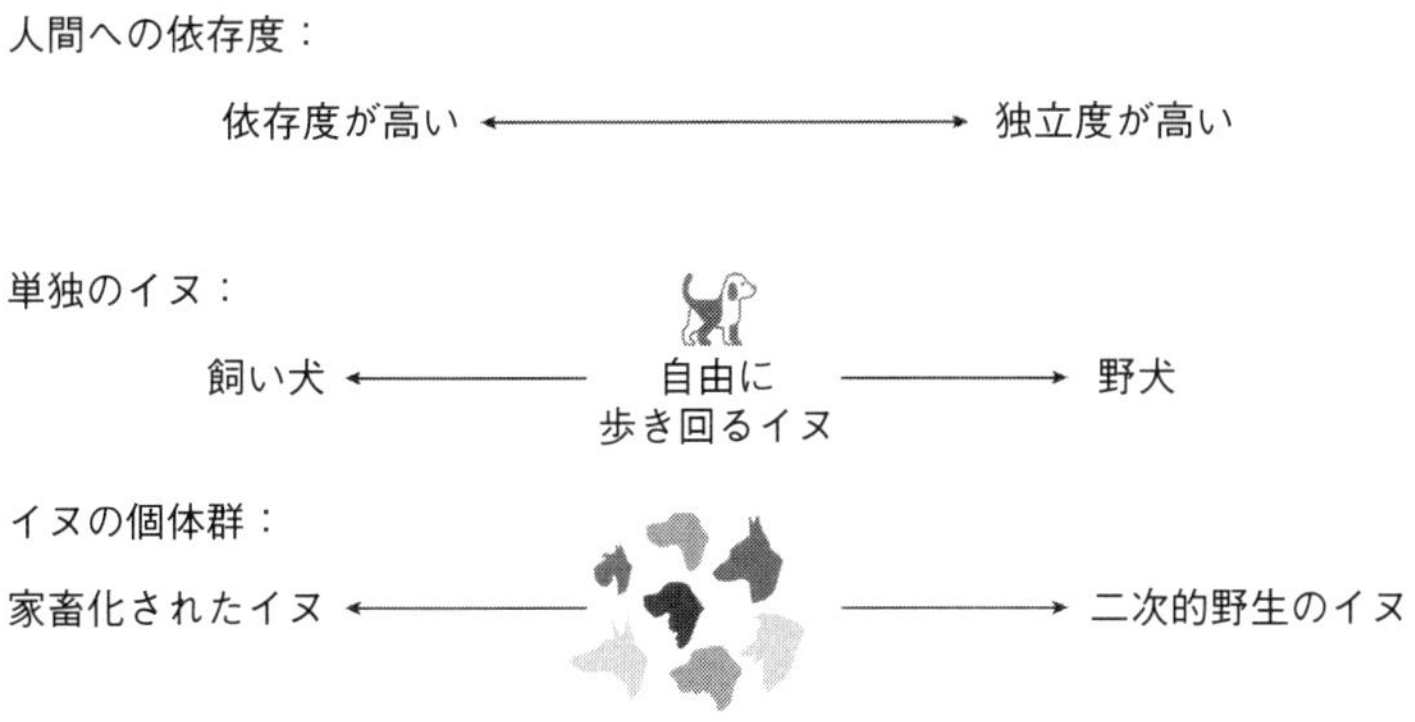

図 2.5　イヌの分類スペクトラム

つもりもない（そもそも、そんなことは誰にもわからない）。私たちにとって重要なのは、現在のイヌたちの暮らし方の違いが、人間抜きの世界での生き残りにどう影響するかだ。たとえばある仮説では、かつて野犬だったイヌなら、「鍛えられて」いるうえ、狩りや食料の確保など有用なスキルも磨かれているので、飼い主に大事にされ、甘やかされていたイヌよりは生き残れる可能性が高いとされている。（図2．5参照）

飼い犬

飼い犬とは、人間の家に住んでいるイヌを指す。とはいってもこの呼び方は少々曖昧なので、ここで言う飼い犬の例をいくつか挙げてみよう。ヘイゼルはよく世話をされている飼い犬だ。毎日餌をもらい、獣医に連れて行ってもらい、暖かな家の柔らかくて安全なベッドで眠っている。また、一日に二度は用を足すために、家族の人間に散歩に連れて行ってもらっている。オビーは人間の「飼い主」がいて、家もあるが、その気になれば単独で行動することもできる。毎朝、出かけて日中は近所をぶらつき、夜、家に戻ると餌と愛情（この順番が大切だ）をもらい、屋内のイヌ用ベッドで眠る。サディーは、飼い主の家の裏庭で鎖につながれ、餌は不定期に与えられ、暑さや寒さを防ぐ小屋もなく、人間との交流といえば時折、やさしく頭を撫でられたり、横腹を意地悪く蹴られたりするぐらいだ。

飼い犬は、程度の差はあっても基本的には自由に歩き回れるが、生活状況は時間の経過とともに変化することもあり、生まれてから最初の五年ほどは屋内だけで飼われ、その後は自由に外出して近所をうろつくことができる家に移ることもある。しかし、個々のイヌの体験はそれぞれ異なるため、一生のうちに環境が大きく変化する場合もあるということは改めて強調しておきたい。

飼い犬という分類はそのイヌの生活環境、そして何よりも彼らの心理的、感情的な健康を表している。しかし飼い犬といっても保護施設から引き取られては、また保護されるという経験を四回、五回と繰り返している飼い犬と、一生を通じて一つの家庭で愛情を注がれて過ごす飼い犬とでは、精神状態が同じとはいいがたい。こういった心理的要素は、人類が消えた後の世界で生き残り、適応していく上で重要な役割を果たすので、これについては六章で触れていきたい。

本書では、「ペット」という言葉をあちこちで使っているが、イヌの分類においてこの言葉はほとんど役に立たない。なぜなら「ペット」には、明確な定義がないからだ。一口にペット犬と言っても、愛され、大事にされているものもいれば、殴られたり、性的に虐待されたりしているものもいる。また、かなり自由な行動が許されているせいで、自由に歩き回るイヌに分類されるものもいれば、屋内に閉じ込められてほとんど外に出られないものもいる。(23)

自由に歩き回るイヌ

「自由に歩き回るイヌ」というこの緩やかな分類に含まれるイヌは、いつ、どこに行くかを選ぶ機会がふんだんにあるイヌで、ここには飼い犬の一部のほか、野良犬、ストリート・ドッグ、ビレッジ・ドッグ、きちんと管理されていないイヌ、野犬などと呼ばれる多くのイヌも含まれる。「飼い犬」と同様、この「自由に歩き回るイヌ」という表現もあいまいで、専門家のなかには「自由に放浪するイヌ」という呼び方を好む人々もいる。とりあえず本書では自由に歩き回るイヌと呼ぶが、どちらも同じ意味だと思ってもらって構わない(24)。

飼い犬と同様、自由に歩き回るイヌも人間からの独立度にはそれぞれ幅がある。人間と頻繁かつ友好的に交流し、出入りできる特定の家まであるイヌもいれば、野生化しつつあるイヌもいる。たとえば科学ライターのリチャード・フランシスは「ビレッジ・ドッグ」のことを「人間の生活圏の外側に住み、自ら餌を調達しているイヌであり、何よりも大事なのは、彼らは繁殖相手を自分で選んでいることだ……ビレッジ・ドッグはたくましく、人間の愛情がなくとも生きていける」と記している(25)。自由に歩き回るイヌは発展途上国、それも農村地域よりは都市部に多い傾向がある。おそらくこれは、人口密度の高い地域のほうが人間由来の食料資源が多いからだろう。

野犬（野生化したイヌ）

野生化した動物とは、家畜化された動物の子孫で、今は野生で暮らしている動物を指す。イヌは人間との接触を失うと、自立した生活に適応するうちに野生化のプロセスをたどっていく。この野生化プロセスは、「個々の」イヌの変化であり、個体群や種のレベルでの変化ではない[26]。イヌは人間との接触の一部、またはすべて失っても「非家畜化」するわけではない。彼らは野生化するのだ[27]。

野生化とは人間との接触がほとんど、あるいはまったくないライフスタイルを指す。先にも述べたとおり、自由に歩き回るイヌと野犬の境界線は非常に曖昧で、イヌはこの流動的なカテゴリーを行ったり来たりすることができる。そもそも、そのイヌが人間と接触を持っているかわからないことも多いのだ。また、母犬が野犬でも、その子が必ず野犬になるとは限らない。人間と接触を持ち、飼い犬になるものもいれば、そのまま野犬でいるものもいる。

二次的野生のイヌ

「二次的野生」とは、人間による繁殖が長期間行われず、その集団のすべての個体に自然選択が働くようになった家畜の個体群を指す。では、自然選択がどのぐらいのあいだ働けば、家畜の個体群は野生になるのだろうか。これは興味深いがなかなか難しい問題だ。種の形成には時間がかかる。そのゆっくりとした移行期間のある時点で境界に達したとき初めて、程度の違いだけではない種類の違いが生じるのだ。では、イヌの集団が二次的野生犬になるには、自由な繁殖を何世代繰り返す必要があるのだろうか。確かなところは誰にもわからないが、先述の家畜に関する議論を思い出せば、家畜と野生動物の区別が曖昧であることはわかる。野生から家畜への移行が曖昧であるように、家畜から野生への移行もまた同じぐらい曖昧なのだ。

これまでに二次的野生となった個体群はほとんどなく、ホセ・カスティージョは著書『世界のイヌ科動物』のなかで「人と共生したのち野生化したイヌの集団は多いが、確実に二次的野生になったのは、ガラパゴスの四島に住むイヌたちだけだ」と記している。[28] 一方で、オーストラリアの野犬、ディンゴは二次的野生になったイヌ科動物の一例と考える専門家もいる。ディンゴは古くからオーストラリア先住民と親和的な関係を保ってきたが、彼らはその間もずっと人間の介入のない自由な繁殖を続けており、人間とまったく関わらずに暮らしてきたディンゴも少なくない。彼らもまた、イヌと同様にハイイロオオカミから進化したため、形態上も行動上もイヌやオオカミと共通点が多い。さらにディンゴには、イヌやオオカミにはない独特の特徴もある。その一つが樹木や岩場を上るのに適した柔軟な関節で、これは彼らが住む砂漠環境にはぴったりだ。このようにディンゴは魅力的な動物だが、おそらく「二次的野生」ではないだろう。というのも、たぶん彼らが完全に家畜化されたことは一度もないからだ。ディンゴの専門家、ブラッドリー・スミスは、ディンゴはもともと家畜だったのかという質問に、ディンゴは家畜化されたことがあるという証拠よりもないという証拠のほうが多いと答えている。彼は「ディンゴは古くから人間と関わってきた、真に野生のイヌ科動物だと私は考えている」と言い、「ディンゴが、野犬になった末に野生に戻ったイヌだとは思わない」と語っている。[29] 一方、長年にわたり野生のディンゴを研究してきたオーストラリアの生物学者、ブラッド・バーセルは、遺伝子的、行動学的、生態学的データを解析し「ディンゴは野生のイヌではない……ディンゴはディンゴだ」と結論づけている。[30]

犬種

イヌについて語るときよく登場するのが「犬種」の話題と、そのイヌが純血種か雑種かという話題だ。イヌを連れている人との会話はたいていの場合「なんてかわいいワンちゃん！ なんという犬種ですか？」といった言葉から始まる。犬種とは犬舎やケネル・クラブが認めるイヌの品種で、その血統はこれらの犬舎や犬種クラブが管理する血統書に記録されている。もちろん犬種は生物学的定義ではないが、人間の文化にはしっかりと根を下ろしている。[31]

では世界のイヌのうちいったい何匹が純血種で、何匹が雑種なのか。これもまたイヌに関するほかの統計数と同様、知識に基づいた推測でしかないが、マーク・デアは世界中のイヌの約三〇パーセント、すなわち三億匹が「純血種」と見ている。[32] とはいえ純血種と雑種の比率は国によって大きく異なるので、これは世界的な平均でしかなく、血統へのこだわりが強いアメリカだと、[33] 純血種のイヌの数は平均を上回る五〇から六〇パーセントぐらいだろう。[34]

一般には純血種のイヌはほぼすべてが飼い犬で、野犬のほとんどは雑種と思われがちだが、たぶんそれは誤りだ。じつは自由に歩き回るイヌや野犬が純血種の場合もあれば、雑種のイヌが飼い犬として暮らしていることも多いのだ。たしかに野犬のなかにも純血種はいる。しかし彼らが純血種でいられるのは最初の世代だけという可能性は非常に高い。

なお、犬種は固定された構造物でもなければ、発明品でもなく、つねに変化を続けている。たとえば二〇二〇年のジャーマンシェパードと一〇〇年前のジャーマンシェパードでは、外見が大きく違い、二〇二〇年のシェパードは、一〇〇年前よりも尻が低くて胸幅が広く、被毛は長く身体も大きい。また、犬種によって大まかな気質上の傾向がある場合もある。たとえばボーダーコリーはエネルギッシュなので、ペットとして生活する通常のイヌよりも多くの運動と、高度な精神的刺激を与える必要がある。しかし同じボーダーコリーでも個性は個々に違うため、人類滅亡後の未来ではそれぞれが独自の方法で環境に対処していくと思われる。たとえ二頭のボーダーコリーが同じ状況で育てられ、同じ環境で生きてきたとしても、未来の出来事への対応はそれぞれ異なるのだ。世間では犬種の特徴を説明する際、まるで犬種には決まった性格があるかのように、この犬種は大胆だ、元気がいい、自尊心が強い、勇敢だなどという人たちがいる。たとえば「あなたに最適なイヌを探そう」とうたうアニマル・プラネットの〈犬種セレクター〉などのインターネットのサイトでは、そのような説明をよく見かける。しかしこれはミスリーディングだ。実際には犬種特有の性格などはなく、イヌそれぞれの性格があるだけだ(35)。

なかには犬種と在来種を分けて考える人たちもいる。在来種とは、特定の地域に生息する遺伝子的に近縁なイヌのグループで、彼らはその地域の農業で機能を果たしていることが多く、地域の標高や気温、地形、さらには水資源の有無といった環境条件にうまく適応している。また、身体的には一定の統一性があるが、犬種基準に準拠しているわけではなく、ケネル・クラブに属しているわけでも、血統が登録されているわけでもない。したがってこのような在来種と犬種を区別するときは、在来種は特定の地域で生き残るために繁殖してきたもの、犬種は狩猟で獲物の位置を知らせる、ウサギの巣穴を見つける、光沢のある被毛があるなど、人間のための機能を果たすよう繁殖されたもの、と考えるのも一つの方法だろう。

特定のイヌの集団が特定の環境に適応する形質を身につければ、人間がいなくなった後に生き延びていくうえで助けになるように思える。だがそれは、彼らがそれまで働き、生活してきたのと同じ生態系、またはそれに近い生態系に住む場合に限られる。一般に、人間がイヌを繁殖させ、購入するのは、そのイヌが人間の住む気候や生態系に適合しているからではなく、その行動特性や身体特性のためだ。たとえば砂漠のど真ん中のアリゾナ州フェニックスに住む人がバーニーズ・マウンテン・ドッグを購入するのは、このイヌが砂漠環境に住むのに適しているからではなく、人間が彼らの温和で優しい性格や、三色の被毛を好きだからだ。

また、私たちのこの思考実験では犬種も、いくつかの点で忘れてはならない要素だ。第一に、それぞれの犬種の表現形質に基づいて、この犬種はほかの犬種より生き残る可能性が高いといった予測ができる。人類滅亡後にどのイヌが生き残ると思うかを尋ねると、たいていの人は具体的な例として犬種を挙げ、さらにはイヌの体格についてもコメントする人が多い。たとえば、ハスキー犬のほうがチワワよりも身体が大きいし、狩りもうまく、身を守るのも得意そうだから、生き延びやすいと思う、といった具合だ。だが実際にはチワワが滅びる、あるいはハスキーが生き残ると言い切れる根拠は何もない。

第二に、人類滅亡後の世界では、原則として雑種のほうが純血種より生き残る確率が高いのか、といった切り口での予測もできる。だがこれもまた、一概に言えることではない。最終的には、個々のイヌの特徴や性格の問題になってしまうからだ。

第三に、現在、多くの純血種のイヌを悩ませている近親交配が将来の彼らの生き残りに影響を与えるかもしれないという問題がある。近親交配によって遺伝子の異常や突然変異が起こった場合、それは股

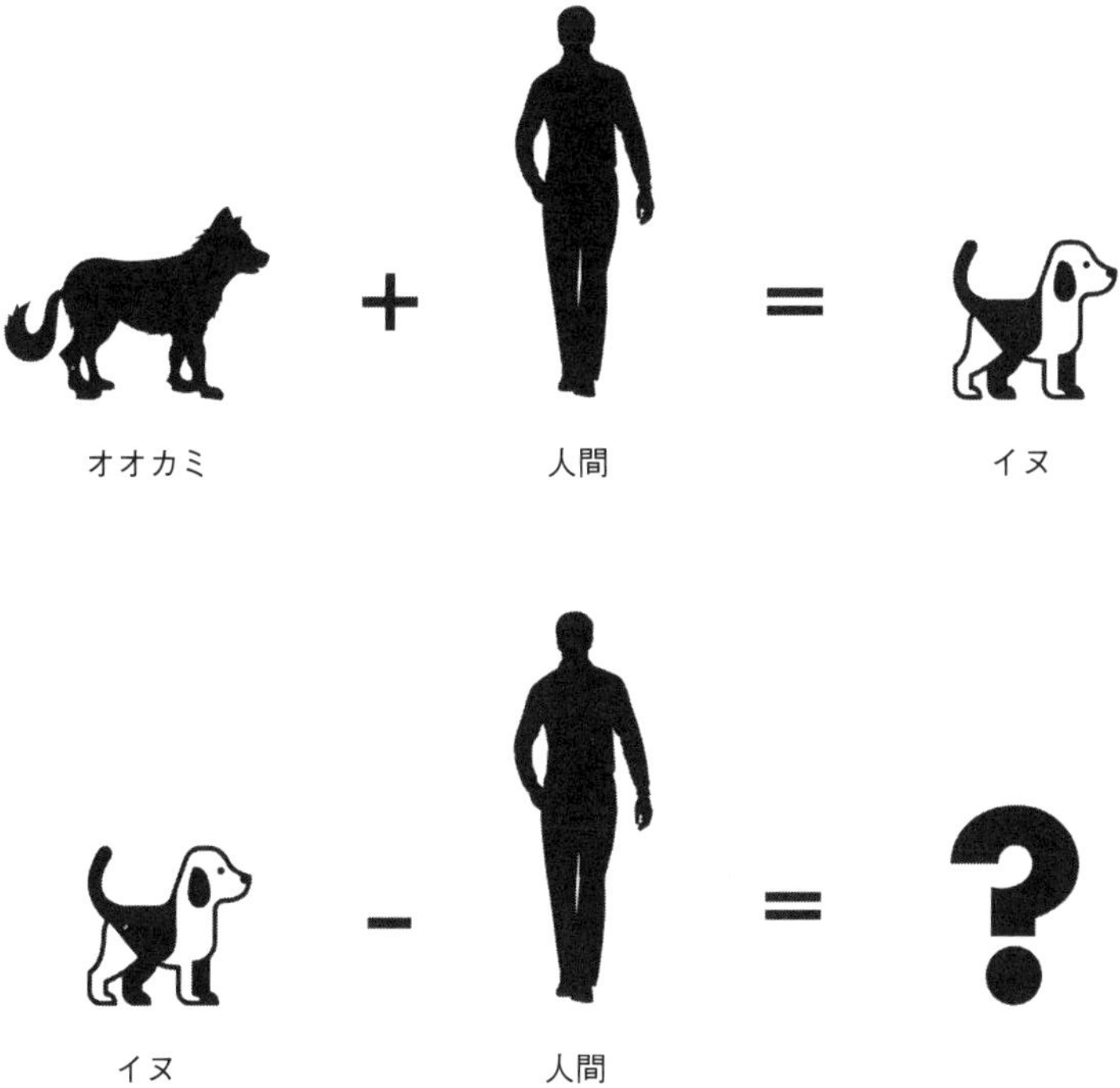

図 2.6　過去を振り返り、未来を見通す。イヌはどのようにイヌになったのか、さらに言えば、人間が消えたらイヌはどうなるのかを考えるうえで重要なのは、オオカミと人間だ。なんといってもオオカミをイヌへと押しやったのは人間の手であり、オオカミに人間という秘密の調味料を加えたことがイヌの進化につながったのだ。では、イヌの大切なパートナー（私たち人間）がいなくなったらどうなるのか。人間とイヌの共進化プロセスが人間の消滅によって中断し、イヌの家畜化が途中で止まったら、いったい何が起こるのだろうか。

関節形成不全や呼吸器閉塞といった奇形のほか、不安障害や強迫性障害などの心理的な問題につながることもあるからだ。

過去を振り返り、未来を見通す

この章では、現在、人間と共に暮らしているイヌたちが実際にはどのような存在で、どのような軌跡をたどってここまできたのかをざっと説明した。このあとの四つの章では、イヌが野生化した未来や野生化したときの状況について探っていくが、そのためにもまずは、過去へと目を向けることから始めたい。たとえばイヌのなかには「潜在的オオカミ」が残っていて、野生化したイヌは再び元のオオカミに戻っていくのだろうか。けれどこの問いの答えは簡単だ。イヌはオオカミには戻らない。イヌは別の新しいイヌ科動物になるだけだ。では、それはどんな動物なのだろうか?

3章　未来のかたち

地球が完全に居住不可能な状態にならない限り、イヌは私たち人間がいなくても生き残るし、むしろ繁栄していくだろう。でもいったいどのように？　人類滅亡後のイヌの姿を想像するには、さまざまな要素を考慮する必要がある。イヌが生き残れるかどうかは、その体形や身体の大きさ、餌を獲得する手段、繁殖や子育ての方法、イヌ同士の関わり方、生きていくうえで遭遇する難題を自力で乗り越える方法などで決まってくる。そこでここからの四章では、人類滅亡後にイヌが生き残るときに重要となるこれらの要素について検討していく。（表3．1「人類消滅後のイヌの生存に関わる生態的、進化的要素」を参照）

ここでは、進化生物学者が生活史特性および生活史戦略と呼ぶものに注目していく。生活史戦略とは、スティーヴン・スターンズの古典的論文が定義するように「生態系の特定の問題を解決するために、自然選択によって設計され、相互に適応した一連の特性」だ。[1] そして生物の生活史とは、生物個体が出生し、成長し、繁殖し、死んでいくまでの過程のことで、生活史特性には一腹の仔の大きさや、繁殖成熟年齢、繁殖寿命、身体の大きさ、食性などが含まれる。ではなぜ生物学者は生活史研究を行うのか。それは生物が生存し、成長し、繁殖する際、必要なエネルギー・コストのバランスをどのようにとっているか、つまり生物学者が言うところの「トレードオフ」を理解するためだ。

生物学者たちはこれまで、イヌをはじめとする家畜動物の生活史を分析してこなかった。なぜなら、家畜動物は自然選択の対象とならない人工物であるため、生活史特性のトレードオフが進化してこなか

機能的形態	身体の大きさ
	体温調節／地理的分布
	知性
	寿命
	頭蓋骨の形態
	鼻
	耳
	目
	尾
	皮膚
	被毛
	色素
	配色
	抜け毛が多い？
	体格／体形
	細身か太っているか
	臀部と骨盤
	脚の長さ
	相対成長
	ジェンダー
餌、採食生態、採食戦略	餌の入手可能性
	餌の分布
	餌の季節的変化
	大きさ（イヌの大きさ、二形性、獲物となる種の大きさ）
	生物量
	餌のえり好みをするか？
	一日の必要摂取カロリー（典型的な採食パターン）
	食習慣（最適な栄養／食性）
繁殖	繁殖と食料調達との関連性
	発情周期
	繁殖能力を持つ年数／繁殖力
	子の数
	子の死亡率
	性比
	交配様式（単婚、複婚）
	オスの成熟年齢
	メスの成熟年齢
	母親のみに依存しない養育（アロペアレンタル・ケア）
	営巣
	死亡率
個体数の規模と個体群動態に影響を与えるメカニズム	分散
	餌の入手可能性（生物量とその分布、生態系の環境収容能力）
	餌の集中または分散
	交尾パターン
	生態系の安定性（気候変動、悪化の可能性）
	競争相手の存在（共存、競争、協力）

表 3.1　人類消滅後のイヌの生存に関わる生態的、進化的要素

コミュニケーション（種間および種内）	視覚的合図や表示によるコミュニケーション
	聴覚によるコミュニケーション
	嗅覚と臭い付け行動
	接触行動
	生息環境のタイプ
社会組織と社会力学	食料供給との関連性
	繁殖タイミングとの関連性
	家族が存在するか？
	分散パターン
	集団の最適規模
	集団内の性比
	労働の分担
	集団／単独での狩り
	子の養育
	縄張りの確保
	優勢順位
	リーダーシップ
	集団間／種間の攻撃性の制御
社会化のプロセス	親子の忠誠心と親族関係
	子犬（同腹仔）間の忠誠心と親族関係
	きょうだい（非同腹仔）間の忠誠心と親族関係
	定住性（特定の場所への愛着、または「場所の刷り込み」）
	ジェンダー
社会的関係性	死亡率、移住、子の誕生で社会関係がどう変わるか
	同性の仲間同士の関係（メスとメス、オスとオス）
	異性の仲間同士の関係
	年齢に基づいた社会的関係
	社会階層に基づいた社会的関係
	親子の関係
空間の利用	縄張りを持つ？
	隠れ場所
	営巣
	行動圏の広さ
	動物の生物量と入手可能な餌の生物量の比率
同所種との関係性	獲物（被食者）
	捕食者
	片利共生生物
	寄生生物
	三つのC（共存、協力、競争）

表 3.1 （続き）

知性	多重知能
	都会で生きる抜け目のなさ
	過去の経験
	計算能力
問題解決	協力と調整
	時間とエネルギーの配分
	食料
	隠れ場所
	仲間
	協力者
	問題を切り抜ける力
	狩り
	失望しやすさ
	「あきらめ」どき
	自己管理能力
	紛争の解決
	年齢
	過去のトレーニング（ペットだった場合）
	人間とのふれあい／人間との接触経験
学習	学習スタイル
	柔軟性と適応性
	社会的学習
	文化的違い
	遺伝子と環境／個体ごとの傾向
	メタ認知
	まね、物まね／感情の伝播
	協力と信頼
	公平／不公平の学習
	拒絶、恨み
	遊び
	親、成犬、そのほかによる教育
認知生態学	環境的／生態的課題と認知能力
	認知生態学とコミュニケーション
感情的知性	心の理論
	共感
	感情の伝播
	遊び
社会的認知	社会力学
	協力
	調整
	行動可塑性
	リーダーシップ

表3.1（続き）

性格	性格と気質の違い 敏感さ 大胆または臆病 向こう見ず、またはリスク回避型 粘り強い 好奇心が強い 予測可能または予測不可能な環境 遊び好き 社交性 攻撃性 怖がり／怖いもの知らず 自信がある 開放的 まとめ役／リーダー
ストレスへの対処法および反応	異なるタイプのストレスと快ストレス 対処のスタイル 反応性 安定性 復活力

表 3.1 （続き）

ったと考えられていたからだ。(2) しかし私たちは、イヌにもほかの家畜動物にもちゃんと生活史はあり、生活史特性のトレードオフも行っている、だから研究する価値は十分にあると考えている。イヌの生活史戦略を見れば、人間がさまざまな要素のトレードオフを自分たちの利益になるよう操作してきたことがよくわかる。しかし同時に、実際には人間が思っているほど操作できていないという事実も見て取れる。

イヌの生活史戦略に注目すること、それは私たちの思考実験の目玉と言っても過言ではない。なぜなら私たちは、人間が世界から完全に消滅したときイヌに何が起こるかを、生活史分析の視点で理解しようとしているからだ。この視点に立てば、さまざまな疑問について考えることができる。たとえば、イヌの体形や大きさが自然選択だけで決まるようになったらどうなるのか。イヌの生活史戦略のうちどの戦略がほかのイヌ科動物の生活史戦略に収斂していくのか、その場合はどのイヌ科動物の戦略なのか。人為選択が自然選択に切り替わった場合、進化上の変化がイヌの外見や行動に出現するのにどのくらいの年月がかかるのか。身体の大きさや採食戦略といったさまざまな要素はどう影響しあうのか。イヌがうまく生き残れるのは、ほかのイヌ科動物より行動上、形態上のバリエーションが多いからではないのか。生活史の視点で見れば、こういった疑問を考えることができるのだ。

生物学者たちは、いわゆる表現型にも関心を寄せている。表現型とは、遺伝子と環境の相互作用によって身体や行動に生じる目に見える形質だ。ほかの多くの哺乳類と同様に、イヌも表現型の可塑性を示し、一つのゲノムがさまざまな生理的、形態的、行動的形質を生み出す。この表現型可塑性があるからこそ、生物は自身が生活している社会環境や非社会的環境に対応し、適応することができるのだ。だが同時に、表現型可塑性は、特定の種の個体——ここではCanis lupus familiaris（イエイヌ）——が環境圧にどう反応するかを予測するという作業を複雑にする。なぜなら世界のイヌは、多様な生態環境のなかで暮らしており、個体差がとてつもなく大きいからだ。したがって、ある程度の一般化は避けられないが、それでも世界中のイヌの表現型が極めて多様であることを重視し、個体に焦点をあてて考えていきたい。

人類が消えた後、イヌはどのような姿になるか

人間のいない未来に生きるイヌの姿を論じるには、生物学の一分野で、形や大きさ、構造など、動物や植物の物理的形態を研究する形態学を掘り下げる必要がある。しかし形態学と言ってもただの形態学ではなく、特定の形状やその変形が生物の生存や繁殖にどう関係するかを分析する機能的形態学だ。形態学的側面のなかには、グレートデンとペキニーズの体格差のように一目でわかるものもあれば、脳の形状や筋肉の形、頭蓋骨のてっぺんの矢状稜の大きさなど、目立たないが同じように重要というものもある。

もし人類が滅亡したら、最終的にはイヌの外見の多くが現在とは違うものになるだろう。なぜなら身体の形状が、人為選択ではなく自然選択の圧力で進化するようになるからだ。少なくとも不適応な大きさや体形はなくなり、イヌたちの身体も、耳や鼻や被毛といった身体的特徴も、特定の気候や採食戦略に最適なものに変わっていくはずだ。イヌの外見は変わる。これは大前提だ。しかし現在のイヌは、その外見も、体形が行動に与える影響もまさに多様なため、未来のイヌの姿が時間の経過とともにどう変わるかを正確に答えるのは難しい。

実際、先にも述べたように、野生であれ、家畜であれ、イヌの表現型は、ほかのどの種の動物よりもバリエーションが豊富だ。これはイヌの繁殖に人間が介入してきた結果であり、このような人間による操作が、自然選択の進化圧を超えた多種多様な形質の拡大につながったのだ。

人間はイヌの表現型形質の発現を操作し、イヌのためというよりはむしろ自分たちの都合に合わせてその進化を進めてきた。そのうえイヌの形態学的な適応性などお構いなしに、彼らをさまざまな環境に移住させたため、特に移行期と第一世代のイヌは、その身体的形状が生息する地域の生態系のニーズと合致するどうかは運次第のところが大きい。

大きさは重要か

人類滅亡後にどのイヌが生き残ると思うかを尋ねると、多くの人はイヌの身体の大きさに基づいて答えを返してくる。生物学的知識がほとんどない人でさえ、イヌの生き残りを左右するのは身体の大きさだと即座に答えるのだ。たしかに彼らの直感は当たっており、身体の大きさは機能形態学の研究においても、生活史のトレードオフの研究においても最も重要な要素の一つだ。

じつは、身体の「大きさ」は、大きくても小さくても一長一短がある。小型犬はそれほど餌を必要としないし、捕食動物やそのほかの危険からも簡単に身を隠せるという点では大型犬より有利だ。だが同時に、小型犬は捕食動物の餌食になりやすく、我が身を守るだけの大きさも強さもない。一方、大型犬は捕食動物を撃退できるし、身体が大きいせいで幅広い獲物を狩ることができるが、小型動物より多くのカロリーを摂取するため、大型の獲物を狩ることができるという長所は、大量に食べないといけないという短所で相殺される可能性がある。また、大きいことが有利だといっても、それには限界がある。身体が特別大きいイヌは、筋骨格系の不具合など不適応な形質に悩まされるため、人間抜きで生きていくのは難しいからだ。(3)

ここで話をイヌ以外にも広げると、肉食の哺乳類にはさまざまな生活史戦略があるが、多くの場合それは身体の大きさと関連している。たとえばイヌ科動物の身体の大きさは、繁殖戦略や出生時体重、同腹仔（母親が一度に身ごもった子）の数、離乳期、独立期、性的成熟期、寿命と関連している。またこの後の二章でも取り上げるが、成獣の身体の大きさは食習慣や社会組織とも関係している。大きな身体が高度な社会性や集団生活に関連しているのは、社会性も集団生活も大型の獲物を制圧するための適応だからだ。(4)

また、身体の大きさは地理や気候によって変化することもあるため、身体の大きさの違いは、移行期および第一世代のイヌが生き残っていくうえで特にその影響が大きいだろう。その後、時間の経過と共にイヌの集団は特定の地理的制約に適応していくため、最終的にはイヌの亜種が進化する可能性もある。

生態学者は、気候や地理の変動が種の進化にどのような影響を与えるか、特に身体の大きさや形状にどのような影響を与えるかを分析する複雑なアルゴリズムを開発した。そのような生態地理的「法則」を適用すれば、長期的な適応がどのように起こり、大型、中型、小型のイヌのうちどれが最終的に生き残るかを考えることができる。(5)

たとえばベルグマンの法則は、体温を一定に保つ温血の脊椎動物——人間、イヌなどほとんどの哺乳類が含まれる——はたとえどこに住んでいようと、その地域の緯度が高ければ高いほど身体は大きいとし、この法則は種内だけなく種を越えても成り立つとしている。緯度が高い地域は一般に気温が低いため、寒冷地では体温を維持しやすい大型動物のほうが小型動物より適しているというのだ。だとすれば長期的に見れば人類滅亡後のイヌは、カナダやシベリアでは大型の亜種が、赤道付近の地域では小型の亜種が進化していくのかもしれない。

また、生物学者たちにも体形と気候の関係を予測する法則がある。アレンの法則と呼ばれるその法則は、寒冷地の動物は温暖地の動物より四肢が短いとしている。だとすれば寒冷地に住むイヌは、比較的足の短い現在のハスキー犬や秋田犬に似た姿に、温暖地に住むイヌはグレイハウンドやサルーキに似た姿に進化するのかもしれない。とはいえ、イヌの生活史特性はこれまで人為選択で高度に操作されてきたため、少なくとも短期的には、自然選択で進化した動物の生態的法則がイヌにもあてはまるとは言い切れない。

哺乳類に関して言えば、時間の経過とともに身体が大きくなる方向に進化する傾向にあるため、ごく長期的に見れば、イヌはだんだん大型化する可能性がある。だがあいにく大型の哺乳類は絶滅しがちだ。また、身体が小さいほうが熱ストレスに適応しやすいというエビデンスもあるため、温暖化が進むこの地球では身体が小さいほうが有利となる可能性が高い。また、環境学者たちはすでに動物の身体が気候変動に対応して徐々に小さくなっている状況を記録しており、このパターンが加速化する可能性はある。たとえばロバート・クーク、フェリックス・アイゲンブロット、アマンダ・ベイツの二〇一九年の研究は、哺乳類や鳥類が利用できる生態学的戦略は限られており、今後一〇〇年でその戦略はさらに少なくなっていくと予測している。彼らは「種の絶滅可能性に基づいて考えると」、哺乳類や鳥類は「小型で寿命が短く、多産で、虫も食べる広食性」へシフトしていくだろうと指摘している。[6]もしそうなら、イヌも徐々に小型化していくのかもしれない。

想像できるほぼすべての未来において、気候の混乱は動物の生存に影響を与える重要な要素になるだろう。急激に進む気候変動に動物が適応していくうえでどの生活史特性が役立つかについての研究は進んでおり、その蓄積は現在および未来の動物行動学者が人類滅亡後のイヌについて予測する際にも大いに役立つはずだ。哺乳類のなかには、ほかよりも気候変動から「行動的に逃げる」のがずっとうまいものもいる。[7]なかでもイヌは、逆境に強い種である可能性が高い。その理由の一つが、イヌの身体の大きさの多様性、すなわち、「適応」しないサイズのイヌもいれば、「適応」するサイズのものもいるという点だ。またそれだけでなく、イヌは行動に柔軟性があり、活動時間の融通がきき（夜行性にも昼行性にもなれる）、さらには雑食という強みもある。

体形のバリエーション

身体の大きさと同様、イヌは体形も多様性に富んでいる。スタッフォードシャー・テリアのように小柄でがっちりしたイヌもいれば、鉛筆のように細いウィペット、ソーセージのようなダックスフンドなどまさにバラエティ豊かだ。だが、身体の大きさが適応戦略にどう影響するかを理論的に予測することはできても、体形が未来のイヌにどのようなメリットをもたらし、どのような危険をもたらすのか、またそれがどのように進化していくかを予測することは難しい。

ヘルムート・ヘメルは著書『家畜化：環境認識の低下（*Domestication: The Decline of Environmental Appreciation*）』で、彼がスレンダー型、がっちり型と呼ぶタイプの発達について書いている。ヘメルによれば、このような体形の違いが一番わかりやすいのが馬だという。たとえば、すらりとしたサラブレッドと、どっしりしたクライズデールを比べてみれば、サラブレッドは速く走るように、荷車を引くクライズデールは強靭さと力を持つように繁殖されているのがよくわかる。このような発育型はイヌにもあり、馬と同じで、グレイハウンドやウィペットのようなスレンダー型のイヌは速く走れるように、セントバーナードやブルマスチフのようながっちり型は強靭さと力を持つように繁殖されている。[8]

スレンダー型とがっちり型は、機能的には両立が不可能なトレードオフの関係にある。トレードオフとは基本的には妥協であり、動物は機能的かつ適応性のあるものを手に入れるのと同時に、それ以外のものを「あきらめる」。たとえば、ウィペットのような足の速さや俊敏さを持ちつつ、マスチフのような強靭さと力も持つことは不可能だ。では、生き残る確率が高いのは、足が速くて俊敏なウィペットとがっちりとたくましいマスチフのどちらだろうか。その答えは「場合による」だ。たとえ小さくやせていても、ある面では適応性が高い（隠れるのがうまい、餌が少しですむ、動きが機敏など）。一方、がっちりとたくましければ筋力があるので、喧嘩に発展するようなもめごとでは有利だ。もしそうだとしたらイヌは、それぞれの住む環境に適応したスキルを身につけていくのかもしれない。たとえば「力のある」イヌは、特定のタイプの獲物（圧倒する必要のある大型の獲物）を捕まえて食べる、あるい特定のタイプの生態系（下生えが茂っている）で繁栄し、「足の速い」イヌは、別の生態的地位（広大な原っぱなど）を好み、別のタイプの獲物（ウサギ、ネズミ、虫）を狩るのかもしれない。

現代のイヌの骨格はバリエーションも組み合わせも目が回るほど多いが、いずれも細くて長い脚か太くて短い脚、小さな身体に大きな頭蓋骨か大きな体に小さな頭蓋骨というように、機能的なトレードオフを伴っている。[9] だが現代の犬種のなかには、特定の体形を実現しようと選抜していった結果、健康を損なってしまう犬種も存在する。たとえば、コーギーやバセット・ハウンドのように脚が極端に短い犬種は、動きにくいうえ、機能的なメリットもない。したがって彼らのような脚の短いイヌは、たとえ人類滅亡後の移行期を乗り切ったとしても、自然選択がこの体形を維持していくとは思えない。

そもそもイヌ科動物は走行性動物なのだ。彼らは生まれながらのランナーで、自然界でもトップクラスの耐久アスリートだ。[10] しかし人間と同じでイヌの運動能力も個体間の差は大きい。また、人間のアスリート同様に、イヌのなかにもいかにもランナー風のひょろ長い体をしているものもいれば、どう見てもランナー向きではない体つきのものもいる。足の速いイヌは走りに向いた身体をしているだけでなく、動きに無駄がなく、効率的に前進する足どりで走ることができるのだ。

二〇一七年、イヌが走るときの足取りとその効率性に、家畜化がどのような影響を与えたかを調査したカレブ・ブライスとテリー・ウィリアムズは、アラスカン・マラミュートやノルウェジアン・エルクハウンドなど、体形がオオカミに似た北方地域の犬種は、オオカミに似ていない体形の犬種よりも酸素を効率的に取り込める――より長く、激しく、力強く走れる――のではないかという仮説を立てた。[11] そして彼らのデータは、その仮説が正しいことを裏付けた。

頭蓋骨

鼻や眼窩、顎骨、歯などを含む頭蓋骨の形は、その動物が何をどのように見て、嗅いで、聞いて、味わっているか、そして食物をどのように獲得し、摂取するかに影響する。たとえば肉食動物と草食動物の頭蓋骨を比べてみてほしい。肉食動物の眼窩は、獲物に狙いを定めやすいよう前方にある。一方、もっぱら他の動物の餌食となることが多い草食動物は、視野を広くして周囲に注意を払えるように、眼窩は頭の側面にある。また、肉食動物は肉を噛んだり、噛みちぎったりするので、犬歯や門歯などの歯が鋭いが、草食動物は植物を咀嚼するので歯は平たい。

イヌの頭蓋骨の大きさや形を調べている研究者たちは、イヌの脳や歯、目、鼻の形が家畜化によってどのように変化したかに注目している。オオカミとイヌを区別する特徴の一つが矢状稜（頭頂部の前後に走る竜骨状の骨性隆起）の大きさで、矢状稜が大きいオオカミのほうが、イヌよりもずっと強力に噛むことができる。だとすればオオカミがイヌになっていくのに伴い、矢状稜は縮小し、噛む力も弱くなった可能性もある。なぜなら、イヌはオオカミのように獲物を自分で食べずに、人間のところに持っていくよう訓練されたからだ。[12] もしそうなら、人類滅亡後のイヌは捕食のために顎の筋力が必要になるため、再び矢状稜が大きくなることも考えられる。また、食物を噛みちぎれるように、歯も変化するかもしれない。

オオカミからイヌへと進化した過程では、ほかにも多くの変化が頭蓋骨に起こった。最も目立つ変化の一つが、家畜化されたイヌの外見すなわち、初期の動物行動学者が「ベビースキーマ」と呼んだ幼形保有だ。イヌは頭が丸く、額が高く、目が大きいが、このような幼形保有の特徴のせいで、成犬でもオオカミより幼く見える。そこで研究者たちは、幼く見えるこのような特徴をイヌが持っているのは、人間に対して自分たちは脅威ではないことを知らしめ、世話をしたいという人間の本能を刺激するためではないかとの仮説を立てた。犬種を紹介する本に掲載された写真を見れば、幼形保有の特徴がほかより強く出ている犬種があることに気づくはずだ。たとえばジャーマンシェパードは「オオカミに似た」顔をしているが、シー・ズーは「ベビー・フェイス」だ。

幼形保有の傾向が強い犬種は、短頭でもある。短頭とは頭の前から後ろ（鼻から首）にかけての長さが短いことを指し、フレンチ・ブルドッグやパグ、ボクサーなど、「鼻ぺちゃ顔」の犬種がそれだ。ブリーダーたちは望ましい鼻ぺちゃ顔を作るために、特定のイヌの頭の長さを短く、幅を広くしていった。だがもしかしたら人間は、彼らを生理学的限界まで押しやってしまったのかもしれない。というのも、いまや彼らの命は深刻な危機に直面しているからだ。[13] 頭が短いと、脳が押しつぶされて呼吸がしにくくなるうえ、通常より病気にもなりやすい。特に、閉そく性気道疾患になりやすく、寿命も短いのだ。ブルドッグのような極端な例では、母犬の産道に対して胎児の頭が大きすぎるため自然分娩が非常に困難で、危険性が高い。その結果、帝王切開が必要になる場合も多いのだ。したがって人間が介入する繁殖がなくなれば、極端に短頭なイヌは絶滅する可能性が高い。

もう一つの幼形保有の特徴として、「子犬の目」と呼ばれるものがある。ジュリアン・カミンスキーたちはイヌの頭蓋骨とオオカミの頭蓋骨を比較し、イヌには眉内側を動かす筋肉があるが、オオカミにはないことを発見した。彼らによれば、この筋肉の動きによりイヌの「幼形保有の度合いが高まるうえ、人間の悲しい顔に似た表情も作ることができる。私たち人間はそれを見て、つい世話をしてやりたいという気持ちになる」のだという。[14] このように人間が感じるのは、オキシトシンと呼ばれる「愛のホルモン」が放出されるためだとされている。[15]

カミンスキーの研究は、解剖学的特徴（顔の筋肉組織）の進化と行動学的特徴（目を合わせようとする行動）の進化には関連があることを示している。その証拠に、イヌのように人間と目を合わせようとしないオオカミは、「子犬の目」の筋肉も持っていない。では、子犬の目やそのほかの幼形保有の特徴が、人間がいなくなった後も適応的に有利となるだろうか。そのような特徴に心を動かす人間がいない世界では、むしろそれは不適応な特徴になるのではないか。その答えはわからない。けれどこの問題は考える価値があるし、考えることで、このような特徴がなぜ進化したのかについての知見は深まるはずだ。

最後にもう一つ、脈絡層タペタムと呼ばれるイヌの目の生体構造についても触れておこう。薄暗い場所で活動する多くの動物が持つこの組織層は網膜のすぐ後ろにあり、網膜を通して可視光を反射し、視界を明るくする。暗闇で、車のヘッドライトに照らされた動物の目が緑や黄色に光るのは、この脈絡層タペタムのせいだ。イヌの目にこの構造があるということは、イヌの自然な活動リズムを知るうえで大きなヒントとなる。もしかしたら脈絡層タペタムがイヌの採食パターンの融通性を高め、そのおかげでイヌは時間帯にこだわらずに活動できるようになったのかもしれない。雑食性なうえに、より多くの時間を食物あさりや狩りに費やすことができれば、イヌが生き残っていくうえでは非常に有利だ。活動リズム、特に採食パターンは生息地の分割や共有と関係してくるが、これについては次の章で触れていく。

耳、尾、被毛

身体の大きさや体形、頭蓋骨の形といった主要な形態学的特徴だけでなく、耳の形や位置、尾の長さ、成長パターン、被毛の色などの身体的特徴も人為選択の選択圧にさらされてきた。人間がそのような特徴を選抜してきたのは、主にイヌの外見への関心からだ。けれど人類滅亡後の世界ではイヌの外見を気にするものなど誰もいない。大切なのは、見た目ではなく機能だからだ。

鼻と同様、イヌの耳の形もバラエティに富んでおり、ときに笑ってしまうようなサイズや形があるのも事実だ。ピンと立っている耳もあれば、部分的に立っている耳、倒れている耳、その組み合わせの耳もある。耳もほかの特徴と同じで、どの大きさ、どの形の耳が最も適応的かは、そのイヌが住む場所やライフスタイルによって異なる。同じように人類滅亡後のイヌの耳の進化も、イヌがどこでどう生活しているかで決まっていくだろう。じつは野生のイヌ科動物で耳が倒れているものはいない。なぜなら倒れた耳は、家畜化の副作用だからだ。したがって自然選択が進めば、最終的にすべてのイヌの耳は野生の近縁種のようにピンと立つと思われる。

イヌの耳の一番の役割は音を聞くことで、彼らは聞いた情報を利用して最善の行動を決定する。自力で生きるイヌは、草むらにいる獲物の気配や、仲間や敵が近づく音が聞こえないといけない。しかし聴覚の鋭さも聞き取るべき音も、そのイヌが何を食べているかで大きく違ってくる。耳は、餌を確保し、ほかの動物の餌食にならずにすむ程度に聞こえれば十分だからだ。では、耳が立っているイヌのほうが、耳が倒れているイヌより格段によく聞こえているのか、耳の大きいイヌのほうが小さいイヌよりずっとよく聞こえているのだろうか。実際のところ、それはよくわからない。だが移行期のイヌはすべて――難聴のイヌは除く――、生き延びるのに困らない程度には聞こえているはずだ。しかし倒れた耳には一つ、大きなデメリットがある。倒れた耳は感染症にかかりやすいのだ。この表現型はいずれ消滅する、と言われる理由もそこにある。耳の慢性の感染症は、治療をしなければ聴覚を失うことにもなりかねないからだ[16]。

イヌの耳は周囲の様子を聞き取るだけでなく、ほかのイヌからの音声シグナルを受け取ったり、視覚的シグナルを送ったりもしている。だとすればその大きさと形によってコミュニケーション・ツールとして優れている耳もあれば、スティーヴン・スポットが著書『オオカミと自由に歩き回るイヌの社会（*Societies of Wolves and Free-ranging Dogs*）』で書いたように「意味のあるシグナルを送るには形が崩れすぎている」耳もあるのかもしれない[17]。耳も、ほかの身体的特徴と同様にさまざまなトレードオフがあるため、未来のイヌの耳の大きさと形は、地理や獲物のタイプによってさまざまなバリエーションが生まれる可能性が高い。たとえば大きな耳は小さな耳より聞こえはいいが、そのぶん体温を失う面積が広いので寒冷地には向いていない。一方、小さな耳は聞こえが少々劣るというデメリットはあるが、寒冷な地域では体温を失いにくいというメリットがそのデメリットを上回る。しかし温暖な地域なら、このようなトレードオフは必要ない。大きな耳は聞こえがいいばかりか、高い気温にも対処できるからだ。耳と生息地の関係を考えるいいヒントになるのが、砂漠に住むイヌの近縁種で驚くほど大きな耳を持つフェネックギツネで、その大きな耳は、体温を発散して体温の上がりすぎを防ぐのに最適だ。

ではは話題を少し後ろに移し、イヌのしっぽの話をしよう。しっぽ、すなわち尾はイヌが生き残っていくうえで重要なのか。もしそうなら、どう重要なのだろうか。耳と同じように、ここでも野生のイヌ科動物からヒントを探してみよう。野生のイヌ科動物にはみな尾がある。ということは、尾のあるイヌのほうが、ないイヌよりも生きていくのに有利と考えるのが妥当で、未来のイヌは安定化選択によってすぐに尾を持つようになると考えられる（安定化選択とは、色や走行速度、脚の長さなど、平均値付近の表現型が選ばれる選択）。イヌの尾は、そのときの気分や意図を示すツールとして重要な社会的機能を担い、敵意や服従、性的受容、怒り、ふざける気持ち、冷静さ、不安といったシグナルを送っている。したがって尾がなければ、そのイヌは社会的コミュニケーションの重要なツールがないことになり、ほかのイヌとのつきあいにも、集団や群れのなかでのふるまいにも負の影響が出る。一方、尾があれば、交尾相手になる可能性があるコヨーテやオオカミとのやり取りにも有利だし、ほかのイヌ科動物やほかの動物種とのコミュニケーションにも有利だ。また、身体のバランスをとるときも尾は役に立つ。尾のあるイヌが丸太を乗り越えたり、ジャンプしてフリスビーをキャッチしたりするところを見れば、身体のバランスをとるために尾が絶妙なおもりの役目を果たしているのがわかるはずだ。だがここに一つ、重要な未知の要素がある。それは、尾ありの遺伝子や尾なしの遺伝子、あるいは巻き尾の遺伝子と一緒に思いもよらぬ形質がヒッチハイクされるのかどうか、そしてその形質がなんらかの適応的利益をもたらすのかどうかだ。

イヌの尾もその身体同様に毛で覆われているが、毛の色も毛のタイプも、家畜化プロセスの影響を強く受けている。[18] イヌの被毛は、色はもちろん、模様、質感、毛の長さも多種多様だ。たしかに犬種最大の特徴といえばやはり被毛で、ぶちのあるダルメシアンや、銀白色のワイマラナー、モップのような毛でおおわれたコモンドール、絹のような長毛のアフガン・ハウンドとまさにバラエティに富んでいる。家畜化された種の場合、毛の色も被毛タイプもさまざまだが、野生種にはそのようなバリエーションはほとんどない。たとえばヘルムート・ヘメルが指摘するように、野生種は捕食者から身を守るために被毛の色を環境に合わせる必要がある。[19] しかし捕食されるという選択圧がなくなれば、被毛の多様性は高まっていく。同様に、野生種だと被毛のタイプや長さには気候による選択も働くが、家畜化された動物にはこのような選択圧はないので、やはり多様性は高まる。さらに特定の毛色や被毛タイプが人為的に選択されれば多様性はさらに増すが、当然ながら世界から人間がいなくなれば、被毛と環境のミスマッチが起こる可能性も高くなる。

冬にモコモコのコートを着ないといけないイヌや、灼けたアスファルトから肉球を守るためにブーツを履いているイヌを見たら、私たちはつい笑ってしまうが、人類が滅亡した直後のイヌたちの多くは、自分の身体と生息地のミスマッチに大いに苦労するはずだ。なぜなら現在、人間によるイヌの繁殖も所有も、生態学的法則や気候上の制約をまるで無視しているからだ。問題の一つは被毛のタイプだ。人間が住む環境は極端な気候を「排除」しており、ペット犬の大半はきちんと温度管理された住まいを与えられているため、被毛と気温のミスマッチによる悪影響を感じることはほとんどない。けれど極端な環境を和らげてくれる人間がいなくなったら、メキシコシティで飼われているシープドッグも、アラスカで飼われているグレイハウンドも、生き抜くのは至難の業だろう。

家畜化されたことで、イヌには三色毛や白足袋、トラ毛など、野生のイヌ科動物にはない独特の配色パターンが誕生した。しかし人間がいなくなれば、このような柄や配色はなくなり、より均一な色になっていくはずだ。どのような色合いが主流になるかは、捕食圧や生態学的背景によるところが大きく、冬は白く、春と夏は茶色っぽくなるホッキョクギツネのように、生態系によっては、季節の変化に応じて被毛の色や毛の密度を変える必要も生じるかもしれない。また色素が濃い被毛は紫外線から身体を守るため低緯度の地域に適応しているというエビデンスもあるので[20]、緯度が被毛の色に影響を与える可能性もある。

ほかにも「被毛関連」の特徴のなかには、「移行期」のイヌやその後数世代のイヌの生活を容易にするものも、困難にするものもある。たとえば毛の長いイヌは定期的に手入れしないと毛がからみあってしまうため、シャーペイなど多くの「しわくちゃ」な犬種と同様に、皮膚の感染症に悩まされることになる。また、ゴードンセッターのように「飾り毛」と呼ばれる豊かな毛が特徴の犬種のなかには、ビションフリーゼやシー・ズーのように目の上の毛が視界を遮るほど長いものも、コモンドールやその他の牧羊犬のように毛が顔を覆うほど長いものもいる。

これで、人為選択がなくなったときにイヌが形態学的にどう変化するかを知る手がかりは一通り出そろった。また、イヌの身体的特徴のうちどれが適応的で、どれが生存可能性を損なうかについてもいくつか説明した。とはいっても、人類滅亡後のイヌの姿を予測するには、まだ検討しなければいけないことが山ほどある。次の章では、人類滅亡後のイヌにとって（そして彼らを理論化する人間にとっても）広く関心のある二つのテーマ、すなわち食と性について考えていく。

4章　食と性

人間のいない世界でのイヌの生き残りに大きく影響する要素を二つ挙げるとしたら、それは彼らが何を食べ、誰と繁殖するかだろう。当然、食べるものがなければ生物は死ぬし、繁殖しなければ Canis Lupus Familiaris（イエイヌ）は絶滅してしまう。そして現在、イヌの生活において人間が最も強力かつ最も自分たちの都合に合わせて管理しているのが食と性だ。人間の家や保護施設、犬舎、繁殖施設で暮らすイヌたちは、餌を食べるかどうかも、何をいつ食べるかもすべて人間によって決められている。野犬や自由に歩き回るイヌの場合は、食を完全に人間に依存しているわけではないが、それでも多くはほぼ完全に人間由来の食料資源、すなわち人間の廃棄物やゴミ捨て場のゴミ、施された食べ物で命をつないでいる。

飼い犬の性に関しては、私たちは不妊去勢手術で繁殖を完全に禁じるか、ほかのイヌから隔離して繁殖を制限するか、人間が選んだ別のイヌと交配させて子を産ませるかのいずれかを行っている。一方、野犬や自由に歩き回るイヌは繁殖をそれほど管理されていないが、それでも人間は世界各地で「野放し」の繁殖を防ごうとしており、「捕獲し、不妊去勢手術をして、解放する」プログラムや、母犬、父犬になりそうなイヌの駆除を進めている。

この章では、人類滅亡後の世界で、イヌが人間の支援や介入なしにどうやって食と性という二つの基本的ニーズを満たすのかを探っていく。

食：食性は生き残るための基本

生活史を研究する生物学者が理解しようとする要素の一つが、食習慣と採食戦略だ。人類滅亡後のイヌは、どのような暮らしをしていようと、餌の入手には苦労するだろう。人間由来の食料源がなくなった移行期のイヌたちは、新しい環境に速やか、かつ柔軟に適応して別の餌を探さなければいけないからだ。したがって採食パターンは、イヌが生息地域の生態系ニーズに適応していくうちに、徐々にできあがっていくだろう。また、食料の確保も難題だ。餌を調達できなかったり、誰かの餌になってしまったりすれば、それで一巻の終わりだからだ。

ほかの野生動物と同様、人類滅亡後のイヌも生きていくためには消費カロリーと摂取カロリーのバランスをとる必要があるが、そのようなイヌの採食戦略はさまざまな要素の影響を受ける。たとえば、そのイヌが食べることのできる食料の解剖学的、生理学的制約や、入手可能な獲物のタイプ、生息域内や縄張り内での食料の分布、食料資源の季節的変動、ほかの動物との競争などだ。また採食生態は、イヌの空間利用や社会行動、社会組織、繁殖活動とも関わりが深い。

イヌを含むイヌ科動物は、長距離を走って獲物を追いつめることで知られる走行性の捕食動物だ。けれど進化上、イヌ科動物は生態系の特殊性に応じて採食戦略を柔軟に適応させてきた。彼らの採食戦略が多様性に富んでいるのがその表れだ。イヌ科動物のなかには哺乳類しか食べないものもいれば、もっと雑食で——彼らはじつにさまざまなものを食べている——脊椎動物の肉はもちろん虫や植物を食べるものもいる。また、オオカミのように肉中心の食生活が最適な絶対的肉食動物と呼ばれるものもいる。(1)

一方、イヌは雑食タイプで、新鮮な肉から死肉、虫、植物まで餌の範囲は広く、それでじゅうぶん生きていけるし、健康を保つこともできる。

イヌやそのほかの動物にとっては水も重要だ。水は食料と同様に大切で、動物の食生活に密接に結びついている。したがって人類滅亡後のイヌにとっては、水の有無や水の質は非常に重要な要素となる。植物も虫もそのほかの動物も、生存するには水が不可欠なため、その地域に水がどのくらいあるかで、そこで暮らせるイヌの数も、その地域の食料資源の種類も決まるからだ。

イヌは何を食べるのか

現在のイヌの食生活についてわかっていることを確認し、それが人類滅亡後のイヌの行動を考えるうえでどう役立つかを見てみよう。飼い犬の食生活は、家庭ごとに大きく違う。餌は飼い主が何を選ぶかで決まるし、その判断基準は栄養価の高さから値段、手間、パッケージのかわいらしさまで多種多様だ。それでも飼い犬の多くは、ドッグフードのメーカーが開発、加工したドッグフードや缶詰を食べている。一般にこれらのフードは穀物や野菜、果物にタンパク源――多くは食肉処理された動物の器官や組織で、蹄や嘴、鼻、毛など、人間の食用には向かないもの――が組み合わされている。

一方、自由に歩き回るイヌたちが食べているのは、研究者が知る限りは、人間が出すゴミや排泄物(2)、人間からの施し物といった人間由来の食物のほか、車にはねられた動物などの死肉、そして爬虫類や鳥、野ウサギ、ネズミ、ノロジカ、インパラなど自分で仕留めた小型および中型の動物だ。アラバマ州で自由に歩き回るイヌのファンを調べた研究者たちは、そこに生ゴミや草、葉、虫、ワタオウサギ、ネズミ、ゴファーガメ、そして柿が含まれているのを確認した。[3] 行動生態学者のトマス・ダニエルズは、自由に歩き回るイヌがほかのイヌの死骸をあさる姿も目撃している。[4] またイヌは通常、ネズミなどの小型の獲物を狩るが、ウシ科の哺乳類であるクーズーやオジロジカといった大型の獲物を食べているところも観測されている。[5] さらにイヌは、羊などの家畜を狩ることでも知られている。こうして見ると、自由に歩き回るイヌは狩りにそこそこ成功しているように見えるが、狩りに挑戦した回数に対する成功率は誰もわからない。[6] また、彼らは協力して狩りをするのか、もしするなら、どのような頻度でするのかもはっきりしない。小集団のイヌが力を合わせて獲物を仕留めていた、という証言はこれまでも時々あったが、現在のイヌはおおむね単独で食べ物を調達しているように見える。[7]

採食戦略：イヌはどうやって食物を得ているのか

食物を探すには、身体能力や社会的能力、認知能力など、さまざまな能力が必要だ。身体能力は、獲物のタイプやそれぞれの生態系の特徴に適応していなければならず、たとえば虫を捕るなら電光石火のすばやい反応が、哺乳動物を追いかけて捕まえるなら辛抱強さや衝動を抑える力とスピード、スタミナが必要だ。高速で走り、短い時間に走ったり止まったりを繰り返して獲物を追うなら無酸素性の肺活量と強い脚力が、獲物の後をつけて長い距離を追いかけるなら有酸素性の持久力が重要になるし、生い茂った下生えのなかで狩りをするなら、枝葉をかき分けて進む力が不可欠だ。けれど乾燥した平原ではスピードと敏捷性のほうがより重要だろう。

また獲物を制圧する力や、速やかに獲物を仕留める咬合力、さらには骨から肉を食いちぎる顎の力も必要だ。しかしイヌはすでに大型の獲物を捕まえて食べるのに必要な筋肉組織を失っている可能性もあるため、彼らの主要な食料源は小型の哺乳類や無脊椎動物、植物になるのかもしれない。さらに、食料を手に入れる戦略も、大型犬と小型犬では異なるだろう。ウサギの巣穴に潜り込める小型のテリアには小型犬なりの、高速で走るグレイハウンドには大型犬なりの戦略があるはずだ。[8]

自分が何をしたいのか、何をするつもりなのかを明確に伝える社会性や協調性は、イヌが集団や群れで狩りをするかどうか、集団で判断をするかどうかに影響し、ひいてはその結果が、捕食できる獲物の大きさや、捕食に費やす時間を決定する。また、単独行動がベストなのか、つがいなどの少数集団や群れなどの大きな集団で行動するのがベストなのかは、その地域の生態学的条件や食料の入手可能性に左右される。

どうすれば必要なものが手に入るかを考えることも、認知的には大きな課題だ。イヌは、自身の認知能力を駆使して獲物を見つけ、狩りの戦略を立て、仲間との役割分担を決める。オオカミの子孫であるイヌは、すでに捕食行動の認知アーキテクチャーを持っているが、ここで気になるのは、これまで人為選択で培われた狩り関連の認知パターン、すなわち動物の群れを集める（ボーダーコリー）、獲物がいる場所を指し示す（ジャーマン・ショートヘアード・ポインター）、追跡する（グレイハウンド）といった認知パターンを、人類が滅亡した後もイヌたちが利用するのかどうかだ。また、イヌの捕食行動はすでに人間に乗っ取られてしまい、現在の彼らは獲物を捕まえて制圧するのが難しくなっている可能性もある。

たとえば、本書の査読者の一人は、レトリーバーのような猟犬は狩りという行為のうち「仕留めて食べる」という部分を「しないよう」犬種改良されていると指摘し、人間は特定の犬種の狩り行動を損なってしまったと述べている。

また、イヌたちが食べ物を分かち合うか、将来のために取っておくか、もし取っておくならどのように取っておくかも、認知能力によって決まる。なかには食べ物を隠し場所に保存しておくイヌもいるが、これは隠し場所を記憶しておく力と、それを食べたときに食べたことを記憶しておく力が必要だ。アカギツネは、埋めておいた獲物を食べたら、再び戻ってこないように尿でマーキングする「記録付け」をすることで知られている。[9] おそらくイヌも同様の戦略で、隠しておいた食べ物の記録をつけるだろう。

捕食者と被食者はコインの裏表で、イヌに捕食される動物は、それを回避するための戦略を学ばなければならない。捕食回避行動、といえば私たちは「できるだけ早く逃げる」ことだと思いがちだが、被食動物が捕食動物を避ける戦略はただ逃げるだけではない。自身の採食行動を変える、捕食動物がいる場所での移動方法や移動時間を変える、その地域から離れるといった戦略もあるのだ。そしてこのように被食動物の行動が変化すれば、それは植物群落や虫、微生物の変化を引き起こす。その変化の一端は、現在、飼い犬や自由に歩き回るイヌが野生生物に及ぼしている影響からも垣間見ることができる。ユアン・リッチーたちのグループは、捕食者および栄養の調整者（生態系の機能に大きな影響を与える動物）としてのイヌに関する論文で、イヌが野生生物に与える影響は、たんに追いかけた動物を殺すだけにとどまらないと指摘している。イヌは被食動物たちに恐怖を植え付け、その結果、被食動物の行動が変わり、生理機能が変わり、生息地の利用法が変わり、繁殖の成功率も変わるというのだ。[10]

食物連鎖の一翼を担うイヌは捕食者だが、同時に捕食される立場にもある。したがって彼らは自分たちをおいしいおやつと考える捕食動物の行動パターンを速やかに学ぶ必要がある。住む場所によってはイヌも、ワシやマウンテンライオン、トラ、オオカミ、コヨーテ、ハイエナなどの捕食者の餌食になる可能性があるからだ。家畜動物であるイヌはこれまで野生の捕食者の脅威から概ね守られてきたが、それでもまだ視覚的シグナルや聴覚的シグナルに気づいたり、尿やフンに含まれる化学物質のにおいに気づいたりといった捕食回避行動を保持している可能性は高い。たとえば学術誌『アニマル・コグニション』に発表された研究では、捕食者に遭遇したことがないイヌでも、捕食者になりうる動物のにおいには恐怖反応を示したとの報告がある。特別な訓練がされていないイエイヌでもユーラシアのヒグマやヨーロッパのオオヤマネコのフンのにおいには気づき、捕食者のにおいがする場所には、ユーラシアのビーバー——草食性の動物——のフンや水のにおいがする場所ほどには長居しなかったという。さらにイヌの心拍数も、捕食者のにおいがする場所では上昇したと報告されている。(11)

人間を含む多くの動物は問題を解決するとき、「ヒューリスティックス」または経験則と呼ばれる直観的な近道を使う。このような経験則は、認知処理や意思決定を効率化するためのもので、もともと持ち合わせていた、あるいは学習して身に着けたものだ。イヌの場合、動くものは獲物である可能性が高いので「もしそれがこういう風に動いたら追いかける」が経験則なのかもしれない。イヌが風に舞うビニール袋を追いかけるのも、この経験則の一種なのだろう。イヌのもう一つの経験則は、より新鮮でおいしいもの、けれど捕まえにくいものを追いかけるために今ある餌を放り出すな、「手中の一羽の鳥はやぶのなかの鳥二羽と同じ価値がある、だから今そこにあるものを食べろ」だ。

イヌが利用する認知的経験則に関する研究は少ないが、そのうちの一つに、インド、コルカタ周辺に住む、自由に歩き回るイヌの採食生態に関する調査がある。調査チームは、ゴミ捨て場をあさるイヌが炭水化物の多いゴミより肉を選んで食べていることに気がついた。彼らはゴミをあさる際、なるべく多くのタンパク質を摂取するという経験則、すなわち「肉のにおいがしたら、とにかく食べろ」という経験則に基づいて行動していたのだ。ロハン・サルカールとシュブラ・サウ、アニンディータ・バードラは「ゴミにパンくず（一〇個）、鶏肉くず（一〇個）、またはその両方（五個と五個）を混ぜたバスケットを三つ用意してイヌたちに食べさせた。すると彼らはタンパク質を最初に食べるという経験則を適用したが、そのあとで炭水化物もちゃんと食べていた。彼らはあれこれ混ざった生ゴミのにおいを嗅ぎ、まずは肉を見つけるという戦略で、最大限に肉を摂取していたのだ。これは最も望ましい食物を最初に食べることで、最大限の栄養が摂取できる非常に効率のいいゴミあさり戦略だ。おそらくこれは、人間が支配する極めて不均質な環境で生き残るための策だったのだろう」と述べている。[12]

最適な食物、必要カロリー、時間とエネルギー収支

イヌが食べるものは、必ずしも摂取する栄養を最大限にするのに必要なもの、というわけではない。個体差はあるが一般的に言えば、イヌの生理的ニーズを満たすのに最も適しているのは、タンパク質、炭水化物、脂肪、ビタミンの特定の組み合わせだ。たしかに栄養素の理想的な組み合わせはあるが、人類滅亡後のイヌにとっての喫緊の課題は、自分の住む場所で生き抜くには何が必要か、そしてそれをどうやって手に入れるかだ。

ではいきていくにはどのぐらいの食物が必要なのだろう。たいていの場合、イヌが体重を維持するには一日当たり、体重一ポンド（約四五四グラム）につき約二五から三〇キロカロリーが必要だ。だが、この数字は飼い犬が必要とする平均カロリーに基づいているため、だいたいの目安にしかならない。人類滅亡後のイヌのライフスタイルは現在の飼い犬のそれとは異なるし、特に消費エネルギーは大きく違うはずだからだ。このガイドラインに基づくと体重約三〇ポンド（一三・六キロ）のイヌは一日におよそ八〇〇キロカロリーを摂取する必要がある。もう少しわかりやすく言うと、たとえば三〇ポンドのイヌがコオロギを食べて生き延びるとしよう。一匹のコオロギが約一キロカロリーとすると、このイヌは一日に八〇〇匹のコオロギを捕まえて食べなければいけない。これは一日がかり、いやもっと時間がかかる大仕事だ。ちなみにこの八〇〇キロカロリーには、八〇〇匹のコオロギを捕まえるときに燃焼するカロリーは含まれていない。

生態学者や生物学者たちは、動物が代謝に必要なエネルギーとエネルギー消費のバランスをどのようにとっているかについて多くの研究を行ってきた。そこでそのような研究を参考に、人類滅亡後のイヌの食餌とエネルギー消費について考えてみたい。イヌ科動物を研究する生物学者のデイヴィッド・マクドナルド、スコット・クリール、ガス・ミルズはイヌ科動物を、小さな獲物を食べる体重二〇キログラム未満のグループと、大きな獲物を食べる二〇キロ以上のグループに分けた。なぜこのように分けたのかというと、コオロギのように小さな獲物はたくさんいるし、捕まえるのも簡単だが、天候に左右されやすく、その多くは無脊椎動物だからだ。じつは無脊椎動物が維持できる肉食動物の最大質量はおよそ二一・五キログラムで、体重が二一・五キログラムを超える肉食動物は、もっと大きな獲物を捕るなど、別のライフスタイルが必要になる。イヌ科動物の場合、この二つのグループ両方にまたがるのはオオカミを含む五種の動物だ。[13] 研究者たちはイエイヌに触れていないが、イヌのなかにも明らかに「小さな獲物を食べる」グループと「大きな獲物を食べる」グループがいる。ゆえに人類滅亡後のイヌたちの食餌は、身体の大きさによって大きく異なっていくだろう。

代謝ニーズを満たすカロリーを摂取するには、狩猟に必要なエネルギーと、狩った獲物から得るカロリーのバランスさえとればいいように思えるが、ことはそう簡単ではない。なぜなら、ほかの捕食者との競争にもエネルギーがいるため、それも計算に入れなければいけないからだ。そこで再びマクドナルド、クリール、ミルズの研究に戻り、ほかの捕食者との競争にどのぐらいのエネルギーが必要かを見てみよう。彼らが行ったクルーガー国立公園の野生イヌ（リカオン）の調査では、リカオンは一日二四時間のうち約三・五時間を狩猟にあて、残りの時間は休んでいると計算した。彼らの一日の消費エネルギーは一五・三メガジュール（MJ）なので、一日のエネルギー需要を満たすには毎日約三・五キログラムの有蹄類の肉（狩猟一時間あたり四・四三MJ）が必要だ。しかし狩りという行為は大量のエネルギーを消費するうえ、そこからさらに獲物の二五パーセントをブチハイエナに持って行かれてしまえば、リカオンは一日に三・五時間どころか、一二時間を狩りに費やさなければならなくなる。[14] 人類滅亡後のイヌたちも、これと同様のエネルギー・コスト問題に直面するかもしれない。

性：イヌの未来の鍵を握るのは繁殖

人間由来の食料を失うこと、それは移行期のイヌや第一世代のイヌにとっては大問題で、イヌの進化の道筋を劇的に変える一大事だ。そしてこれと同じくらい重要なのが、イヌの繁殖に人間の介入がなくなることだ。イヌのオスとメスを「お見合い」させて交配させる、不妊去勢手術で繁殖を禁じるといった人間による繁殖管理がなくなれば、イヌたちは今よりずっと自由に繁殖できるようになる。だが同時に、この自由にはさまざまな課題も伴う。イヌはその気になってくれる繁殖相手探しも、子育てをし、危険から子を守ることも、すべて自力でしなければいけなくなるのだ。

性の話題に入っていく前に、食と性が同じ章で取り上げられていることに留意してほしい。これは、食べ物と性が、イヌにとって最大の関心事だからというだけではない。じつはこの二つは、人類滅亡後のイヌたちにとって非常に複雑に絡み合った問題なのだ。繁殖が人間に管理されなくなるのはすばらしいことに思えるが、人間から餌をもらえなくなることは数を増やしたい彼らにとっては大問題だ。メスが無事に臨月を迎えて出産するためにも、生まれた子に母犬や父犬が食べ物を与えるためにも、適切な栄養は不可欠だ。特にメスは妊娠や授乳に多くのエネルギーが必要なので、貧しい食生活の影響を受けやすい。だがオスも、十分な栄養をとれなければ発情期のメスを巡ってほかのオスと争えず、仲間や子供を守ることもできない。

繁殖に関する主な疑問は二つある。一つは、人類がいない世界への移行期、健やかに暮らし、妊娠や出産、子育てが十分にできるエネルギーを維持した状態（どれも適切な食料源と天敵や厳しい気候から身を守る住まいが必要だ）で生き残れるのはどのイヌかという疑問。二つ目は、人間のいない世界に適応したとき、イヌたちの繁殖パターンや繁殖行動はどう変化していくのかという疑問だ。移行期、イヌたちは身を守る術を速やかに身につけるはずで、それができないイヌは滅びるだけだ。また、人間による選抜育種で生じた身体障害や不適応な形質のせいで変化に対応することが難しいイヌもいるはずで、そのようなイヌの多くは、たぶん淘汰されていくだろう。ブルドッグのように出産が難しい犬種は絶滅していくが、そういった犬種のオスはほかの犬種のメスや雑種のメスと繁殖する可能性もある。また、人間が繁殖のおぜん立てをしなくなるため、純血種の集団はほかのイヌから機能的に隔離されてでもいない限り、一世代か二世代後にはいなくなるだろう。また、オスや「アロペアレント（親以外の養育者）」の支援がないとメスは子育てにたいへん苦労するので、繁殖のパターンは、ほかのイヌ科動物で見られるような社会的繁殖や協力的繁殖に戻っていくだろう。

求愛、いちゃつき、交尾

では、すべての始まりである、オスとメスが出会って子を作るというところから話を始めよう。すべてのイヌ科動物には共通の求愛手順がある。まずは挨拶をし、次には互いににおいを嗅いだり、周りを回ったり、じゃれあったりし、その後は本格的な子づくりに取り掛かる。たとえばつがいを作るイヌ科動物のオオカミは、十代の恋人同士のようにまずは一緒に時を過ごすことでカップルの絆を作っていく。身体を押し付け合い、鼻を触り、互いに優しく口を寄せ合い、小さく唸ったり、じゃれあったりして過ごすのだ。オオカミを含む野生のイヌ科動物の求愛と交尾は、数日から数週間にわたることもある。

自由に歩き回るイヌたちの場合、交尾の儀式が観察されることはほとんどないが、おおむね野生のイヌ科動物のそれと同様のパターンと思われる。一方、飼い犬は求愛と交尾の期間が非常に短いが、これは彼らの出会いの環境によるものだろう。したがって人類滅亡後の世界では、イヌの求愛期間は野生のイヌ科動物と同様に長く、儀式化していくかもしれない。

お見合いを世話してくれる人間がいなくなれば、イヌはオスもメスも自力で相手の気を引き、求愛行動をしなければいけない。オスの場合、振り向いてくれる相手なら誰とでも交尾するだろうが、メスはオスより注文がうるさい。まあ、これが標準的なダーウィン説の考え方だ。メスは出産と授乳のエネルギー・コストを負担するため、その投資を長期的に価値あるものにしたい、自分のDNAを子に受け継がせ、その子がまた子孫を残せるようにしたいのだ。

また、交尾の場ではメスの奪い合いも起きる。一連の交尾行動が、自分も交尾をしたいライバルに邪魔されることだってある。しかしいったん交尾が始まったら、交尾の儀式はほぼ完了だ。イヌを含むイヌ科動物の交尾は、オスがメスにマウンティングした状態が数分間続く。ときに、交尾中のペアの間にライバルが割って入ろうとすることもあるが、この時点ではもはや割り込むことはほぼ不可能だ。

ではどんな特徴が、相手のイヌにとって「セクシー」に見えるのだろうか。つややかな被毛だろうか、長い尾、大きな耳、白いぶち、大きな歯、大きな「性器」、誘惑的なにおい、あるいはこういったものの組み合わせだろうか。人間が繁殖を管理しなくなり、似ているもの同士の意図的な掛け合わせをしなくなれば、私たちが知る「犬種」は急速に姿を消していくだろう。それでもイヌは、自分と似たイヌと優先的に交尾する可能性があるため、タイプに基づく一般的な分類は残るかもしれない。また、どのイヌとどのイヌが交尾をするかについては、どうしても物理的な限界がある。身体の大きさが極端に違えば交尾行動は困難または不可能であり（膣とペニスのサイズは同じくらいが望ましい）、妊娠、出産、授乳も難しいからだ。

自然界では、遺伝的に近い個体同士が近親交配することを防ぐメカニズムがある。その一つが近親の個体が群れから離れていく「分散」で、これにより近親のイヌ同士が交尾、繁殖する可能性は低くなる。また「自分と同じにおいがする相手と交尾してはいけない」といった嗅覚的な要素も交尾の相手を決める際の経験則になりえる。そのほか年齢や遺伝子上の関係性で決まる群れ内のヒエラルキーも、近親交配の回避に一役買っている。[15]

未来のイヌの多くは、現在四〇〇種以上ある犬種の遺伝子がさまざまにブレンドされた雑種になる可能性が高い。遺伝子の混在は少ないよりは多いほうがいいので、これはイヌにとっては有益と言える。多様なイヌの間で遺伝子が混じり合うことに加え、イヌとオオカミあるいはコヨーテ、ディンゴ、ジャッカルとの異種交配もおそらく継続するし、増加する可能性さえある。じつはイヌ科動物とイヌの交雑は、両者の行動圏が大きく重なっている地域ですでに起こっている。たとえば黒海とカスピ海にはさまれたコーカサス地方で行われた二〇一四年の調査では、「オオカミの一〇分の一、牧羊犬の一〇分の一で異種交配行動が見られる」としている。[16]

イヌとオオカミの交雑は、体形、耳、尾など、人為選択で生じた身体的特徴の影響を受ける可能性もある。ではたとえば移行期のイヌで尾がないイヌや尾はあっても通常のイヌのコミュニケーションができない尾（スピッツや柴犬の巻き尾）は、ハンディキャップが大きすぎて生き残るのは難しいのだろうか。

マークによれば一九七〇年代初頭、イヌ科動物の研究者がメスのオオカミとオスのマラミュートを掛け合わせようとした際、尾にまつわる不思議な出来事があったという。メスのオオカミは、巻いた尾を常に高く上げているオスのマラミュートのそばでは、おとなしく、尾も目立たぬように巻いて接触を避けていたが、身体の大きさは同じでも尾を低く下げているマラミュートのオスを連れてくると、そのメスのオオカミは喜んで交尾したという。もしそうなら、尾のないイヌは相手に情報を伝えるツールがないため、オオカミとはうまく交配できない可能性もある。しかし尾にハンディキャップのあるイヌでも、別の方法で埋め合わせをして効果的にコミュニケーションをはかるかもしれない。あるいは、尾がないために生じるちょっとした不利益を帳消しにするような身体的または行動的形質を持っている可能性だってある。また、尾が短く切られている移行期のイヌも尾の遺伝子はちゃんと残っているから、彼らが繁殖すれば、その子孫は尾のメリットすべてを享受した生活を送ることができる。

営巣

現在の飼い犬の場合、ほとんどのメスは安全な環境で妊娠期間を過ごし、子犬はあらかじめ用意された居心地のいい「巣」で誕生する。そしてたいていの場合、そこに精子の提供者であるオスの姿はない。しかし人間がいなくなってしまったら、イヌたちは交尾の相手を自力で見つけないといけない。そのうえメスは、出産し、子育てをする安全な場所も自分で探さなければならない。

地面を掘ることは、イヌにとっては退化した行動パターンで、人間環境でそれをやれば、たいていは叱られたり、お仕置きをされたりする。けれど人類が消えた後の世界では、地面を掘る行為は、重要な機能を持つようになるもしれない。その機能の一つが、出産や子育てをするための巣作りだ。自由に歩き回るイヌの調査の一環で行われた営巣の観察では、トマス・ダニエルズはナバホ族の居留地で自由に歩き回るイヌたちの社会的営巣を確認した。[17] スリージャニ・セン・メイジャンダーのグループもインドでそのようなイヌの営巣を観察しており「ペット犬は先祖伝来の営巣の習慣を保持しているようだ」と指摘している。[18]

子育て

イヌをはじめとする多くの家畜種では、人間がその子育て行動に介入している。たいていの場合、子犬は幼いうちに母犬から引き離されて人間に「育て」られているし、繁殖され、販売されるペット犬に至っては、父犬はほとんど子育てに関与しない。一方、母犬は妊娠期間を過ごし、出産し、生まれたばかりの子の世話をするが、子犬が成長して人間に引き取られる時期になれば、乳離れをさせるなどの母犬の育児行動は中断される。

それでもなお、家畜化の過程でイヌ科動物の子育て戦略に大きな進化的変化が生じたとは考えにくい。子育ての大半は母犬が担い、母犬は子に食べ物や愛情を与え、捕食者から守っているからだ。母犬は子に乳をやり、子の身体を舐め、子が成長してきたら一緒に遊んで社会性や生活上のスキルを教えていく。こういった母犬の子育て行動は、子犬の生存や身体の成長、発達に重要なだけでなく、認知や行動の発達にも不可欠だ。したがってもし人間が消えてしまえば、母犬は子の養育と教育を最初から最後まで自分でできるようになる。こうして母犬がより多くの責任を負い、より長く集中的な子育てをするようになれば、そこから別の影響が生まれることも考えられる。たとえば、一年に二回だったメス犬の発情期が、オオカミのように一年に一回に戻るかもしれない。

父犬の子育てに関するデータはないため、未来の父犬が子育てに果たす役割を予測するのは難しい。イヌ科動物は、基本的には単婚で、父母の両方が子の養育に参加するが、イヌだけはその交配パターンが予測できない。イタリアでロベルト・ボナンニとシモナ・カファッゾが行った自由に歩き回るイヌの観察研究では、子犬が母犬以外から餌をもらうことはほとんどなかったという。また、野犬の死亡率が高いのは父犬が養育をしないからだとする研究もあるが、ボナンニとカファッゾは、自由に歩き回るイヌの子の死亡率は、野生のオオカミの子の死亡率と変わらないとしている。だとすれば、父犬が子育てをしないことが、イヌにとって不適応とは言えないのかもしれない[19]。

しかし、自由に歩き回るイヌの子育てに関するデータを見ると、父犬は子育てをまったくしないとも言い切れないことがわかる。インド西ベンガル州で、自由に歩き回るイヌの小規模調査を行ったスニル・クマール・パルは、交尾したオス犬八匹のうち四匹は、子が生後六週から八週になるまで、子と一緒にいたと報告している。この四匹の父たちは、母犬がいないときは「見張り」役を務め、見知らぬ人が近づくと「吠え、ときには身体をはった攻撃までして」子犬を守っていた[20]。パルのこの調査結果は非常に興味深く、自由に歩き回るイエイヌにも父犬による子育てが存在することを示している。

自由に歩き回るイヌも父親が子育てをするというエビデンスは、行動生物学者のマナビ・パウルとアニンディータ・バードラも見つけている。これはインドの西ベンガル州で、自由に歩き回るイヌの一五の集団を五年間、四回の営巣期にわたって観察した調査で、彼らは「私たちの研究は……自由に歩き回るイヌの繁殖システムは非常に柔軟であることを示唆している」と書いている。パウルたちによれば、父犬と推定されるイヌ（本当の父かどうかは確認できない）は、「母犬と同レベルの子育てをしていた。母犬は授乳やアログルーミング（仲間の毛づくろい）に多くの労力を費やし、父犬とおぼしきイヌは、子犬の保護に多くの労力を費やしていた」という[21]。未来のイヌ、特に人類滅亡後のイヌが集団や群れで生活するのなら、繁殖システムは父犬がより中心的な役割を果たすものに変わっていく可能性もある。ちなみに自由に歩き回るイヌの研究では、子育てにおいて父犬は少なくとも限定的な役割を果たしていることがわかっている。

野生のイヌ科動物と同じで、イヌも両親以外の成犬が子の養育に参加する。おじ、おば、年上のきょうだいなど親以外の保護者も子育てを手伝う、アロペアレントによる養育だ。子犬を育て、発達を見守るだけなら、母犬だけでも子育てはできる。しかしパウルとバードラは「親以外の保護者による子育ては追加的なメリットがある」と指摘する[22]。自由に歩き回るイヌを観察したスニル・パルたちは、母犬以外の成犬が授乳や食べ物の吐き戻しをしているのを目撃したが、そのほとんどは母方の親類のメスによって行われていた。これはオオカミやコヨーテでも見られるパターンだ[23]。

飼い犬に関しては、アロペアレント行動についての研究があまりないが、これは子犬の世話をするのは母親だけという長年の思い込みがあったからだろう。しかし研究者たちもようやくイヌの子育ての複雑さに目を向けるようになった。二〇一九年、ハンガリーのピーター・ポングレッチとサラ・ストゥーハラは、イヌのブリーダーを対象に国際的な調査を実施し、ほかのイヌが母犬や子犬とどう関わっているかを調査した。その結果、母親以外のメス犬が授乳をしたり、吐き戻した餌を子犬に与えたりといった行為は広く行われていることが明らかになった[24]。

自由に歩き回るイヌがどのように子犬を世話し、育てているかについての研究は、人類滅亡後のイヌに関する仮説を立てるうえでいい材料となる。とはいっても現在、自由に歩き回っているイヌと未来のイヌには一つ大きな違いがある。それは、人間由来の食料の存在だ。現在、自由に歩き回っているイヌは、機能的には完全に人間から独立していたとしても、必ずゴミ捨て場のゴミなど人間由来の食料源に頼っている。しかし人間が消えた未来に、もし母犬だけで子の世話をするとしたら、手に入る餌は限られるうえ、今よりずっと多くのエネルギーを費やさなければ母子が食べていくだけの餌は得られない。ゆえに先にも述べたように、自然選択は協力的繁殖の方向へ進んでいくだろう。つまり、社会的な子育ておよび父犬やアロペアレントの役割がより大きくなっていく可能性が高いのだ。

繁殖の現実

性的成熟年齢や、発情周期の頻度とタイミング、妊娠期間、同腹仔の数とその性比、死亡率など生活史特性の多くは、繁殖パターンに関連している。では人類が消えた後、イヌたちの生活史におけるこれらの要素はどう変わるのか。その推測に利用できるデータは比較的少ないが、それでも人為的選択圧がなくなれば必ず小さな変化が起こると思われる。そんな未来のイヌの繁殖の姿、特に妊娠期間のように進化的に変化しにくい生活史の要素がどうなるかを知るための手がかりを教えてくれるのがオオカミだ[25]。

イエイヌのメスは生後一年以内、一般には生後約九カ月で性成熟を迎える[26]。これは生後約二二カ月で性的に成熟するメスのオオカミよりかなり早い[27]。イヌは家畜化の過程で、生まれてから性成熟までの期間が圧縮されたため、メスはより早く、より頻繁に発情するようになった。その結果、人間はより多くの犬を繁殖し、特定の形質の選抜を加速できるようになったのだ。したがって自然選択が働くようになれば、短縮された性成熟までの期間は元に戻り、メス犬の性成熟年齢も遅くなる可能性はある。

オオカミの群れでは、繁殖するのは最上位のペアだけで、群れ内部のヒエラルキーや餌の有無によって、順位の低いオオカミの繁殖は延期されたり、「抑制」されたりする。一方で、イヌの繁殖に対する社会的調節はほとんど知られていない。まず飼い犬の場合、持続的な社会集団を形成する機会がほとんどないから、繁殖抑制が起こる可能性は皆無だ。[28] 一方で、自由に歩き回るイヌの群れ、それも複数の繁殖個体がいる群れを観察したボナンニとカファッゾは、イヌも集団内の繁殖にはなんらかの社会的調整があるかもしれないと指摘している。[29] 人類滅亡後のイヌのメスに生理的、行動的な繁殖抑制が起こる可能性はあるが、オスも同様の生理的繁殖抑制を経験するかはわからない。しかし少なくとも同じ群れ内の別のオスたちによって行動上の抑制が行われる可能性は高い。

繁殖に関するもう一つの生活史特性は、メスが妊娠する回数だ。メスのイヌのほとんどは一年に二回の周期で発情するが、野生のイヌ科動物は一年に一回だ。したがってもし人間がいなくなれば、イヌのメスの発情周期もオオカミやコヨーテのように一年に一回に戻るかもしれない。あるいは、一九七〇年代に生態学者のレア・ブリスビンがアメリカ南東部で発見した自由に放浪するカロライナ・ドッグのように、発情周期が三回になるという可能性もある。長年、自由に放浪してきたカロライナ・ドッグは、非常に興味深いケースで、ブリスビンと同僚の生態学者トマス・リシュはプリミティブ・ドッグ（原始的なイヌ）の生態について書いた論文で、カロライナ・ドッグはこれまでのイヌ属にはまったく見られなかった特性を有していると指摘している。そのような特性のなかでも最も衝撃的な特性の一つが、メスの発情周期が一年に二回ではなく、最大で三回だったことだ。[30]

野生では食料の有無も天候も季節に大きく左右されるため、繁殖のタイミングは非常に重要だ。野生のイヌ科動物は、子が生まれる時期を食料が比較的豊富な時期に合わせるので、繁殖は一年の特定の時期に行われる。たとえばオスのオオカミのテストステロン（オスの代表的な性ホルモン）のレベルは季節に応じて変化し、冬の繁殖期にピークに達する。[31] 一方、イヌのオスは、受け入れ態勢にあるメスさえいれば、いつでも交尾が可能だ。しかし彼らのテストステロンにも季節的な周期があり、そのレベルが急上昇して交尾相手を探す必要に迫られるタイミングがあるのかどうかはわからない。

イヌの妊娠期間は約六三日で、オオカミやコヨーテと同じだ。この妊娠期間が、人類滅亡後に変化するとは考えにくい。なぜなら、妊娠期間は極めて変化しにくい進化特性で、近縁種でもほとんど変異が見られないうえ、食料資源や生息環境の質などの生態学的要素とも強い相関関係がないからだ。

同腹仔の数や、生まれた子の性比は、繁殖に関わる主要な生活史特性だ。このどちらにも強力な安定化選択が働いており（図2．3を参照）、イヌであれ、オオカミやコヨーテであれ、それほど大きくは違わない。それでも生態学的圧力によって、同腹仔の数や性比にわずかな変化が生じることはある。自由に歩き回るイヌの同腹仔を調べたいくつかの研究では、平均的な同腹仔の数は五、六匹で推移している。ちなみにオオカミの同腹仔は五匹から八匹のあいだだ。オオカミの研究によれば、同腹仔の数はその地域に住むオオカミの密度によって変わり、オオカミが少ない地域では同腹仔の数が多いという。

自由に歩き回るイヌの同腹仔のオス・メス比はわずかにオス側に偏っているが、地域によってはメス側に偏っているところもある。ちなみにオスとメスでは死亡パターンが違うことが多いため、性比は生存率にも関わってくる。アリゾナ州にあるナバホ族の居留地でイヌの個体群特性を調査したダニエルズとベコフは、性比やそれ以外の繁殖特性の調査は、人間が介入すると著しく困難になると指摘している。というのも、この時の調査では生まれた同腹仔の性比はオスの側に偏っていたが、どうやらそれは、メスの子犬が増えないように、人間があらかじめメスの子犬を排除していたかららしい、と彼らは指摘している[32]。

オオカミの子と同様、人類滅亡後のイヌも生まれる子の性比も生態学的条件で変わるかもしれない。ある調査では、オオカミの密度が低い地域で生まれた子オオカミの七〇パーセントはメスだったが、オオカミの密度が高い地域では、その数は四〇から五〇パーセントだった[33]。しかしこれはオオカミへの狩猟圧力が高いベラルーシで行われた調査だったので、それがデータに影響している可能性もある。というのも、著名なオオカミ研究者で、ミネソタ州で長期的調査を行ったL・デイヴィッド・ミッチは、これとは異なる結論に達しているからだ。オオカミが極めて高密度に生息しているミネソタ州北部では、オオカミの同腹仔のおよそ三分の二がオスだったが、個体数の密度が低い地域に住む群れの同腹仔の性比はほぼ等しかったという[34]。

また、オスもメスもいずれは繁殖能力が衰えるという現実もある。ほかのすべての動物がそうであるように、イヌも自身のDNAを次世代に残す時間は限られている。しかし人類滅亡後のイヌの繁殖能力（子孫を残す生涯能力）や寿命、死亡率のパターンを予測するのは難しい。なぜならそこには、相反するいくつかの強力な力が働くからだ。人類滅亡後のイヌの平均寿命は、現在の飼い犬（上限年齢）と野犬（下限年齢）のあいだだろう。飼い犬の寿命は平均で一三歳から一五歳だが[35]、自由に歩き回る成犬の生存率はかなり低い。たとえばスティーヴン・スポットは、自由に歩き回るイヌが五歳まで生きれば「たいした長寿」だと言い、たいていの成犬はおそらく三年未満で死んでしまうだろうと述べている。ビレッジ・ドッグも獣医医療を受けなければ、同じように死亡率が高い[36]。インドの西ベンガルで自由に歩き回るイヌを五年間調査したマナビ・パウルたちも、同様の結論に達している。観察した九五の同腹仔、三六四匹のうち、繁殖年齢まで生き残ったのはわずか一九パーセントと死亡率は非常に高かったのだ[37]。

現在のイヌにとって、最も多い死因の一つが人間によるものだ。そう、多くのイヌは人間により故意に殺されている。狂犬病を持っている、危険な厄介者だ、「ホームレス（人間の家に住んでいない）」だと言われては殺され、「いらない」と言われては殺されているのだ。またイヌは人間の行為、特に道路や車の事故で殺されてしまうこともある。インドでは、自由に歩き回るイヌの死因の六三パーセントが人間によるものだとパウルたちのグループは見積もっている[38]。したがって人間がいなくなれば、イヌたちにとってこの世は別世界になるはずだ。人間が消えればイヌの死亡率は大幅に低下するからだ。しかしそのような生存率の向上というメリットも、人間由来の食料資源が枯渇することで生じる餓死というデメリットで相殺されてしまうだろう。

人間が消えた世界では、子犬の死亡率も極めて高くなると思われる。自由に歩き回る現代のイヌに関する数少ないデータを見ても、生後三カ月を生き抜ける子犬は約三分の一しかいない[39]。一方で、オオカミの子の死亡率は四〇から六〇パーセントだ。人類滅亡後、もし食料の確保が難しく、子犬に餌を与えるだけのエネルギーが母犬になかったら、出生後の死亡率はさらに高くなるだろう。しかしイヌの出生後の死亡原因の多くが人間によるものなら、人類が消えた後の子犬のほうが生存率は上がるとも考えられる。

次の章では、社会性について取り上げ、イヌが社会集団を作る方法とその理由、なぜ彼らは互いに協力し、競い合うのか、そして野生のコミュニティの一員としての彼らの生活を探っていく。

5章　家族、友だち、敵

多くの愛犬家が実感しているように、イヌは社会的交流を強く求めるし、飼い主との親密な絆を維持するためならどんな苦労も厭わないというイヌも多い。飼い犬の多くは飼い主のベッドで一緒に寝たがり、食卓で共に食事をし、通勤や通学にもついていきたがる。また雑用の手伝いもするし、ときには夜の街に一緒に出かけようとさえする。もし許されれば、飼い主と一緒にシャワーも浴びてしまうほど、飼い主から離れたくないイヌもいる。また彼らはほかのイヌとの交流も大好きだ。イヌを飼っている家庭の多くが家の周囲にフェンスを巡らせているのは、飼っているイヌが仲間を探して近所をうろつくのを防ぐためだ。そして散歩に出れば、イヌは通りかかったイヌのお尻を嗅ごうとリードをめいっぱい引っ張る。ほかのイヌがおしっこをした場所を必死に嗅ごうとするその行動でさえ、彼らにとっては重要な社会的行動の一つだ。そんなイヌたちにとって重要な社会的愛着の対象であり、イヌ同士が出会う方法やタイミングを管理してきた人間がもし消えてしまえば、イヌの社会生活の輪郭は大きく変わるに違いない。

この章では、イヌたちが協力し、競い合い、共存するほかの動物と社会的にどのように交流するのかを探っていく。社会性とは、動物が集団をつくり、組織的に共同生活を営む性質のことだ。そして「社会的行動」とは、イヌ同士が出会い、集まり、ゆるやかに、または緊密に組織化された集団を形成するときの一連の行動、共同で暮らし、空間や時間を超えてコミュニケーションをとり、空間や資源を巡って争い、その争いを解決するときにとる一連の行動を指す。

人類滅亡後のイヌは、ゆるやかな集団で暮らすものもいれば、大小さまざまな規模の群れで暮らすものもいる。また、孤立して暮らすものも多いだろう。しかしすべてのイヌは、なんらかの形で社会的な動物だ。ドイツの動物行動学者、パウル・ライハウゼンも一九六五年の論文『独居性動物の社会組織（*The Communal Organization of Solitary Animals*）』で、社会性がまったくない動物など存在しないと書いている[1]。個体によってその社会性の度合いは異なるが、個体間のさまざまな相互作用はすべて社会的行為と考えていいだろう。たとえばクズリは概ね単独で生きており、社会性のレベルで言えばかなり低レベルだ。しかしこのような孤独な動物でも、ほかの個体がどこにいて何をしているかは気にかけている。もしある個体が、ほかの個体がおしっこをしたことに反応して行動を変えたとすれば、両者は社会的行動をとっていることになる。同様に、遠くから聞こえた鳴き声や合図によって、自分の行き先を変えたとしたら、これもやはり社会的行動だ。そして当然ながら、交尾し、繁殖するときの動物の行動も社会的行動だ。イヌはクズリと違い、恐ろしく社会性が高いことで知られている。実際、彼らはすべての動物のなかでも最も社会性のある動物だ。

子犬に社会性を教える

なんとか生き残って成長し、「正真正銘の」イヌになるのに必要な社会性を、子犬はどのように学ぶのか。まずはそのプロセスの話から始めよう。社会化とは、動物が社会性を身に着け、その種ならではの行動をとれるようになるためのプロセスだ。家畜であれ野生であれ、すべての哺乳類はこの社会化のプロセスを経て成長する。たとえばイヌの場合、社会化は生まれたその瞬間から始まるが、社会化にとって最も重要な時期は生後三週から八週頃だ。[2] この社会化の期間は「敏感期」と呼ばれ、その時期に起こることは、そのイヌが将来、人間やほかのイヌ、さらには自分を取り巻く環境とどう関わっていくかに大きく影響する。ペット犬の飼い主にとってこの期間は、子犬に家庭内で暮らしていくための準備をさせる期間だ。したがって子犬が人間との触れ合いを楽しみながら、人間の環境に適応することを学んでいくのが理想とされる。

社会化を「適切に」行えば、その子犬は従順で落ち着きがあり、辛抱強く、心理的にも感情的にもバランスの取れたイヌに成長する。そのためまずは子犬にさまざまな経験をさせ、新しい物事や予想外の状況に遭遇しても動じないよう育てなければいけない。たとえば人間が子犬を社会化するときは、草地やコンクリート、雪、濡れた舗道、フローリング、土などさまざまな地面や路面、床面に優しく触れさせ、慣れさせる。その目的は、「肉球の下」の物理的な環境に対して一定の安心感を持たせることで、不慣れな地形に遭遇しても動揺しないイヌにすることにある。[3] このような社会化の効果は人類滅亡後の世界でも応用できるはずなので、きちんと社会化がなされた移行期のイヌならば、人間の助けや愛情のない生活への移行という大きな変化に対応する準備ができているはずだ。

では、社会化がうまくできていないイヌは、社会化ができているイヌより移行期の生活に苦労するのだろうか。それについては何とも言えない。予測のつかない環境で育てられる、命令に従わないとお仕置きをされる、といった慢性的な恐怖やストレスにさらされてきた子犬は、成犬になっても低レベルの不安に苛まれ続け、探索行動に出ることも、新奇の状況に冷静に対処することも、必要なリスクを取ることもできない可能性がある。(4) この傾向は、生き残っていくには不利に働くかもしれないが、同時に、予測不能な人間環境にさらされてきたおかげでメンタルの回復力が高まる可能性もあり、むしろそれが人類滅亡後の困難な環境を乗り越えるうえで有利に働くかもしれない。また、同じ環境でも子犬によって反応が異なるのを見ると、動物の成長や社会的発達を形づくるうえでは個々のイヌの性格が重要だということを改めて思い知らされる。たとえばマークが観察した野生のコヨーテの同腹仔たちは、巣から出る生後三週ごろには、すでにそれぞれの性格が決まっており、大胆で冒険好きなものもいれば、臆病なものも、反抗的なものもいたという。同様のことは、オオカミ、ホッキョクギツネ、アカギツネ、ジャッカルでも観察されている。(5)

人間が子犬の社会化を行うときは、ほかのイヌが近くにいても動じないイヌ、ほかのイヌたちが送ってくるさまざまなシグナルの文脈を的確にとらえて反応できるイヌにすることを目指すべきだ。これは子犬同士で遊ばせ、ドッグランや多目的散歩道でほかのイヌたちに徐々に慣れさせることで達成できる。繰り返しになるが、この社会化を慎重に行いさえすれば、イヌはほかのイヌと上手に交流できる能力を身に着けていく。しかし多くのペット犬は、ほかのイヌにとっさに「反応」して攻撃的な行動に出てしまうため、飼い主は自分のイヌをほかのイヌとなるべく関わらせないようにする。しかし突然人間が消え、イヌが自力で生きることになったとき、その敏感さや孤立はイヌにとってどのような意味を持つのだろうか。集団や群れの一員として、彼らはうまく機能できないのではないだろうか。

野犬、あるいは自由に歩き回れる環境に生まれ、その環境で母犬に育てられた移行期のイヌは、「自然な」条件下で社会化される。直感的には、そうやってイヌに育てられたイヌのほうが人間に育てられたイヌより、人類滅亡後の生活にスムーズに順応できそうに思える（だが直感が常に正しいわけではない）。しかし母犬のなかにも子育てのうまい下手はあるため、イヌに育てられた子犬でもその社会化のレベルには幅があり、当然ながらその幅が生存率にも影響してくるだろう。

移行期が終わると、子犬はイヌだけの集団のなかで、片方または両方の親に育てられ、社会化も人間の干渉なしに行われる。そうなると彼らの発達パターンは、人間と共存する集団内で生まれた現在のイヌの発達パターンとは違うものになるのだろうか。もし発達パターンが変わるとしたら、イヌのみの集団の発達パターンに切り替わるのにいったい何世代かかるのだろうか。多くのイヌ研究者たちは、イヌは人間への愛着形成に特化した遺伝子の足場を進化させてきた、と仮説を立てているが、まさにその真価が問われることになる。

イヌの社会化プロセスは、野生の近縁種のそれより期間が長い。安全な環境に住み、母犬に絶えず世話をされ、父犬が養育に関わることも多いからだろう。(6) しかし子犬やその親犬たちをサポートしていた人間が消えれば、親犬もほかの成犬も、子育てばかりにかまけてはいられなくなり、いずれは社会化の期間も短くなっていくだろう。

遊びは社会化の一部で、幼いイヌ科動物は遊ぶことが大好きだ。とはいえ、孤独を好むイヌ科動物の子は、社交的なイヌ科動物の子ほど遊び心が強くはない。たとえば若いアカギツネやコヨーテは、遊びの前に喧嘩をすることが多い。このような「社会化前」の喧嘩はときに激化して怪我をすることもあり、死につながることさえある。それとは対照的に、若いオオカミやイエイヌは通常、社交的に遊んだ後で喧嘩をするので、攻撃的な衝突もそれほど深刻なものにはならない[7]。人類滅亡後、子犬は母犬やほかの成犬に育てられるようになるが、そのとき彼らの遊び好きの気質はどうなるだろうか。以前よりも速く成熟しなければならず、ペットだったころには必要のなかった健康への配慮や身を守るための行動も自力でする必要に迫られるため、子犬の遊び好きの気質は、強い自己主張や攻撃性に変わるのだろうか。

学習は、社会化の重要な要素だ。イヌは生きていくうえで必要な能力の多くを母犬や父犬、そしておそらくほかの成犬たちから学ぶ。しかし人類が滅亡すれば、イヌが生き抜くのに必要な能力は変わるだろうし、その変化はイヌの発達の道筋を変え、ひいてはイヌの社会化プロセスにも影響を与えるかもしれない。たとえばイヌに必須の能力のなかには、子ども時代や青年期でしか獲得できないものもある。また、もし大型の獲物を餌とする地域なら、子犬はさまざまなタイプの獲物を追いつめて仕留める方法を学ぶ必要があり、その能力を身に着けるまでは親元や、自分が生まれた集団にいつづけなければならない。

社会的コミュニケーション：イヌはどうやって意思疎通をするか

ペア間、あるいは集団内での個体間の社会的相互作用を円滑に行うには、明確な意思疎通が重要だ。ここでは、人類滅亡後のイヌの世界でコミュニケーションがどう機能し、自然選択下でコミュニケーションのパターンがどう進化するかを探っていく。もちろんイヌは、自力で生きていくうえで必要なコミュニケーション能力は備えている。しかしそんな彼らでも、苦労する分野はあるのではないか。もしあるとしたら、それはどんな分野なのか。また、コミュニケーション能力がほかより優れているイヌがいるとしたら、その違いは何なのか。

一般読者向けのイヌの本や雑誌を読んでいると、まるでイヌは、私たちとコミュニケーションをとるために進化したような気がしてくる。そのような本や雑誌には、「子犬の目」と呼ばれるあの懇願するような目つきのことから、イヌが目線を追う行動、オキシトシンのフィードバックループ、果てはイヌの超感覚的知覚に関する話題までが取り上げられているから、そう感じてしまうのも無理はない。たしかにイヌは、私たちと上手にコミュニケーションをとっている。また、人間がそれを許せば、彼らはイヌ同士でもコミュニケーションをとっており、たぶんイヌたちにとってはそちらのほうが主なのだろう。じつはイヌもオオカミもコヨーテも意思疎通に利用する手段はほぼ同じだ。(8) イヌは家畜化や人為選択の過程で追加的なコミュニケーション能力を身に着けたかもしれないが、彼らはイヌ同士および他の多くの種とのやり取りに使う基本的なツールも失ってはいない。

イヌが野犬化し、彼らの社会的な出会いを人間がコントロールしなくなったとき、イヌの社会的コミュニケーションはさらに進化するのだろうか。あいにくそれを議論するための材料はあまりない。だがここで一つ重要なのは、イヌの身体が変化することで彼らのコミュニケーション方法も変わるのかという問題だ。これに関して言えば、その可能性は大いにある。その一例が、あの「子犬の目」を作る筋肉組織だ。まさに人間とのコミュニケーションのために生まれたかのようなこういった形態学的特徴や行動は、人間がいない世界ではまったく意味がないため、やがて消えていくだろう。しかしこのような筋肉組織が新たな環境（イヌ同士やそのほかの動物との意思疎通の必要が高まった環境）に適応するよう修正される可能性もある。また、イヌが暮らしていこうとする生息地の特徴も、さまざまなコミュニケーション手段の発達に影響を与えるだろう。

イヌは、さまざまな感覚を駆使した幅広いシグナルを使って、ほかのイヌや動物とコミュニケーションをとっている。イヌと一緒に住んでいる、あるいは身近にイヌがいる人は主にイヌの音声シグナル、特に吠え声に敏感に反応するが、イヌは、遠吠えをすることも、唸り声や鼻鳴きをすることも、クンクンすすり鳴くこともある。そういった音や、音の組み合わせで、イヌは自分の気分や意図についての多くの情報を伝えている。イヌはまた「私に構うな、私のほうが大きいぞ」とばかりに大きな声を出すことで自らの身体の大きさを誇示することもある。これは聞く側のイヌにとっても有益で、その声を聞けば遠くからでも、あるいは目視で相手を確認できない状態でも、自分が不利かそうでないかを判断することができる。(9)

イヌとオオカミは多くの音声ボキャブラリーを共有しているが、そのコミュニケーション方法にはいくつか顕著な違いがある。たとえば吠え声は、オオカミにとってはそれほど重要ではなく、ほかのオオカミへの注意喚起や、「ここは私の縄張りだ」と知らせるときに使われるだけだ。それにひきかえイヌはよく吠える。場所を防衛するときはもちろん、警告や挨拶、遊び、自分に注意を集めたいときなど、さまざまな文脈で幅広い目的のために吠えるのだ。しかし人類滅亡後もなお、吠えることがイヌのコミュニケーションで主要な役割を果たすかどうかは、それが適応的か、不適応的か、あるいは中立的かによるし、どのような状況下で行われるかにもよるだろう。吠え声が、主に家畜化の選択圧で進化し、主に人間とのコミュニケーションで利用されていたのであれば、未来のイヌが吠えることは今より格段に少なくなるかもしれない。

イヌはまた、さまざまな視覚的シグナルも利用する。歯をむき出す、目の周りの筋肉をこわばらせるといったシグナルで、自分の意図や感情を伝えるのだ。ここでも、イヌとオオカミが使う視覚的シグナルには、重複するものがたくさんあるが、犬種のなかにはその形態——顔、身体、尾の形——のせいで、視覚的コミュニケーションがわかりにくかったり、伝える内容の範囲が狭まったりするものもいる。たとえばパグは、根元からしっかり巻いた尾や、鼻ぺちゃでしわくちゃな顔のせいで、シェパードのようにさまざまな表情を作ることはできない。そのため、パグのように見た目が野生のイヌ科動物とあまり似ていないイヌは、同じ地域に住むオオカミやコヨーテなどのイヌ科動物とコミュニケーションをとるのに苦労するかもしれない。特にイヌがオオカミやコヨーテと交尾しようとする場合は、お互いの意志の理解不足が交尾の妨げになるだろう。

イヌはコミュニケーションに、においと嗅覚を多用する。オオカミと同じで、嗅覚的シグナル——尿やフン、肉球と肛門付近にあるニオイ腺から分泌されるフェロモンなど——を通じてほかのイヌにメッセージを送り、自分は誰で、これまでどこにいたのか、そして今どんな気分かを伝えるのだ。ここで議論になるのが、イヌがにおい付け、すなわちマーキングをするのは縄張りの確保と維持のためなのかという問題だ。この議論は主に、飼い犬の行動を中心に論じられてきたが、そもそも飼い犬にはにおいや嗅覚を使う機会があまりなく、野生のイヌのように、においづけをする機会も少ない。なぜなら飼い犬が嗅覚を使う機会は、屋内生活やリード、フェンスによって制約されているうえ、用を足す場所も人間によって決められているからだ。しかしイヌを飼う人なら誰もが知っているように、家畜化されたからといってイヌのマーキング能力や、ほかのイヌが残した嗅覚的シグナルを「読み取る」力が失われたわけではない。人類滅亡後、尿によるマーキングはイヌの縄張り確保と維持にとって重要になるだろう。そして彼らのマーキング・パターンはたぶんオオカミのそれと同じだ。ほかの社会的コミュニケーションでもイヌはすでにオオカミと同様のパターンをとっているため、進化における劇的な変化の余地はあまりないのだ。

では、不妊去勢手術はイヌのマーキング行為にどう影響するのだろうか。手術を受けた移行期のイヌは、手術を受けていないイヌよりも、嗅覚的シグナルの伝達で不利になることがあるのだろうか。現時点では、不妊去勢手術がイヌのマーキングに与える影響はほとんどわかっておらず、この問いに答えるのは難しい。しかし、メス犬が尿のにおいを嗅ぐ時間は、去勢されていないオス犬の尿より去勢されたオス犬の尿のほうが短い可能性があるという観察結果もある。[10] 獣医で動物行動学者のイアン・ダンバーも、去勢されたイヌはされていないイヌよりマーキングの頻度が低いことを観察している。[11] 去勢によってマーキングの頻度が減る、あるいは尿の化学成分が変化するといったことが起こり、それがコミュニケーションに影響を与えるなら、不妊去勢手術を受けた移行期のイヌは生き残るうえで不利になるだろう。解剖学的にもホルモン的にも完全な状態のイヌと比べた場合、どうしてもコミュニケーションの範囲や微妙さが減じてしまうからだ。しかし第一世代および後期世代のイヌになれば、もはやこれは問題にはならない。

イヌはまた、接触行動によるコミュニケーションも行う。なめる、毛づくろいをする、鼻をさわる、互いに肩をすり寄せる、一緒に寝るといった行動は、一種の社会的潤滑油となり、親和的で社会的な――あるいは前向きな――感情を相手に伝える。このような接触行動は、親子やきょうだい、友だち、群れのメンバーの社会的絆にとって非常に重要だ。またこのような接触行動は争ったり、衝突したりした後に、和解のシグナルを伝える上でも大切だ。イヌのこのような接触行動が、彼らの野生の近縁種と比べて希薄または不十分と考える理由はないが、かつて家庭で飼われていたり、ほかのイヌとの接触がほとんどなかったようなイヌだと、こういった接触行動の発達が不完全、あるいはそれを表現する方法を知らないという可能性もある。

社会組織と社会力学

イヌが人間と社会的関係を結んでいるのは明らかで、多くの場合、イヌの社会生活の中心は人間または人間の家族だ。しかし人間の家族こそがイエイヌが属する「自然な」社会集団、それも唯一の社会集団だと考えているなら、それは人間中心の見方に過ぎるし、イヌが人間に「きみがいてやっと、僕は僕になれるんだ」などとささやく（映画『ザ・エージェント』のトム・クルーズの声色で）とでも思っているとしたら、それはまさにおこがましい限りだ。イヌはほかのイヌとも簡単に同盟を組むし、集団、グループ、群れやペアも簡単に作る。そのようなイヌ同士の社会的関係や、イヌの集団内および集団間の社会力学が、生き残っていくうえで大きな意味を持つことはまず間違いないだろう。

社会力学は単純なものから非常に複雑なものまでさまざまあり、そこにはオスとメスのペアの関係から、生態系における集団の組織化や彼らの集合、分散、空間共有の仕方までが含まれる。その中間あたりに位置するのが集団や群れの形成という複雑な力学で、これは少数の動物が互いに社会的関係を結ぶときに働く。さらに集団が機能する際にはジェンダー力学（同性・異性間の関係）や年齢力学（老齢と若年、若年と若年の関係）、社会力学（遊び、支配と服従、宥和、リーダーと追随者の関係）、そして家族力学（親子や兄弟の関係）が関わってくる。そして集団間力学は、出生集団からの若年個体の分散や集団になじまなくなった高齢個体の分散、縄張りの防衛、空間や食料などの資源の共有とそれを巡る争いを中心に展開される。

イヌは群れを作るのか

未来のイヌは群れを作るのか、という疑問は非常に興味深い。群れとは、個々の動物が一緒に狩りをし、食料を調達し、移動し、休息し、資源を守る、明確で安定した集団を指し、群れは繁殖も協調して行う。通常、群れには家族とその集団に参加することができた部外者が混在しているが、単独で行動していた個体が集まって群れを作ることもある。

ここで考えるべきことは二つで、一つ目は、イヌは群れを作れるのかという問題。もちろん答えはイエスだ。オオカミは群れで生きる動物であり、群れで暮らす遺伝的な仕組みは、ほぼ確実にイエイヌにも残っていると思われる。実際、さまざまな地域で行われた自由に歩き回るイヌの調査でも、彼らが集団を作ることはわかっている。このような集団は、「キツネ」に似た、ゆるく結びついた社会集団[12]のこともあれば、顔ぶれが決まった安定的な社会集団であることも[13]、非常に組織だった群れのこともある[14]。

　さらに興味深いのは、人類滅亡後のイヌは群れを作るのか、もし作るとしたらどのように作るのかという問題だ。集団づくりは、血縁関係や生息地、餌の量とその空間的分布、競争相手の存在、獲物となりそうな動物の大きさなど、さまざまな要素の影響を受ける。イヌ科動物のなかで群れを作るのはオオカミ、リカオン、中央・南・東・東南アジア原産のイヌ科動物ドールなど、大型の種だ。一方、小型のイヌ科動物は孤独を好む傾向が強いが、アカギツネは群れで生活しているところを観察されている。大型のイヌ科動物が集団を作るのは大型の獲物を餌にしているからで、彼らが群れで狩りをするのも大型動物を仕留めるためだ。だとすれば、大型のイヌは集まって群れを作り、小型のイヌは単独で行動する傾向にあるということになるのだろうか。

　飼い犬や自由に歩き回るイヌ、そして野犬を見れば、未来のイヌがどのような群れを作り、その群れがどう機能するかの手がかりをつかむことができる。人間の家に住むイヌは、もちろん群れを作らないし、社会集団を形成することもほとんどない。それは彼らの生活環境および状況が、持続的な社会集団の形成に厳しい制約を課しているからだ。また飼い犬は、社会性の高い動物より孤独を好む動物に適した行動パターンを強いられることが多いため、仲間や競争相手に合わせて行動する機会もあまりない。そのうえ人間社会に高度に適応し、食住の基本的ニーズも満たされているとしたら、ほかのイヌと社会集団を作ろうという気はあまり起こらないだろう。また、彼らが集団を形成しようとしても——たとえばドッグランで——うまくいかないことが多い。これは、集団形成時の状況が不安定で時間が短いうえ、人間が介入するからだ。だから、たとえ飼い犬たちが群れを作るのを私たちが見たことがないとしても、それは彼らが行動学的に群れを作れないというわけではなく、ただたんに適切な社会的、生態的条件が整っていないというだけだ。

一方、自由に歩き回るイヌや野犬のデータは曖昧ではあるものの、より確実な手がかりになる。自由に歩き回るイヌに関する初期の研究では、彼らは概ね単独で行動し、互いに小規模で一時的な関わりしか持たないとされていたが、この二〇年でもっと複雑な図式が浮かび上がってきた。自由に歩き回るイヌも、安定した集団を作っていることが観察されたのだ。一般に、集団の個体数の幅は二匹から一二匹で、ほとんどの集団はこの数字の少ないほうの端に位置している。イヌの集団のなかには安定して見えるものもあるが、自由に歩き回るイヌの調査をメリーランド州ボルチモアで行ったアラン・ベックによれば、集団の形成と解散はごく短期間で起こり、多くは数日以内、ときには数分ということさえあるという[15]。自由に歩き回るイヌを直接観察と無線追跡で調査した研究では、メンバーが協力して縄張りを守る集団があることも明らかになった。しかし縄張りを守るといっても必ずしもつねに別の集団と直接対決をしているわけではなく、大きな集団は目立ちやすいので、その分衝突の可能性が低くなるようだ[16]。また、場所によってはイヌが人目につくことを嫌い、単独または小さな集団で移動することもある[17]。

自由に歩き回るイヌと野犬の境界線ははっきりしないが、イヌが野生に近づくにつれて、社会的行動に違いが出てくるのかもしれない。ダニエルズとベコフの研究は、本物の野犬と自由に歩き回るイヌとでは社会組織のパターンが異なることを示唆している。彼らによれば、都会であれ田舎であれ、自由に歩き回るイヌは群れで生活する野犬よりも社交性が低いという[18]。また彼らは、野犬の群れに季節的な変化があることも確認している。この季節的な変化は、繁殖が群れの社会構造に直接的にも間接的にも影響することを示唆している。すなわち群れに生まれた子犬が直接的な影響を、出産のために一時的に群れから離れる母犬が間接的な影響を群れに与えているのだ[19]。

集団の構成：誰と誰が「群れる」のか

人類滅亡後のイヌはどのような構成で群れるのか。少なくとも当初は、血縁のない犬たちが集まって集団を作るだろう。なぜならほとんどのイヌは、人間によって家族が散り散りなっているからだ。しかし時が経つうちに、イヌの群れも、オオカミの群れと同じようになっていくはずだ。

野生のイヌ科動物の群れは通常、ほぼ同じ体格、同じ形態の個体で構成されている。したがってイヌも同じ体格、同じ形態のイヌ同士で群れるなら、小型犬の群れと大型犬の群れができることになる。けれどももし大型犬と小型犬で一つの群れを構成すれば、イヌたちは集団で暮らす利点を享受しつつ、同じ食料資源を直接的に奪い合うこともしなくてすむ。一般に、集団がうまく機能するには、個体の性格がそれぞれ違い、階層があり、リーダーと追従者がいることが重要で、行動多型とも呼ばれるこのような行動の違いは、集団の統合性や結束性を維持するのに役立ち、分散のパターンにも影響を与える[20]。たとえば、メンバー全員が支配的な性格またはリーダー気質の場合、群れはうまく機能しない。だとすればイヌは、異なる性格、異なる犬種が集まって、うまく機能する集団を作るかもしれない。

もう一つ、過去の経験がまったく異なるイヌ（飼い犬や野犬）同士でもうまく集団が作れるのか、という疑問もある。本書の査読者の一人は、ローマ近辺で自由に歩き回っているイヌを調査した経験から、その可能性は高いと言っていた。ローマでは、捨てられた飼い犬は自由に歩き回っているイヌの群れに徐々に受け入れられていくことが多く、ときには捨てられたペット犬だけが集まって、三、四匹の小さな群れを作ることもあるという。だがそのなかには「最終的に追い出されて攻撃され、深刻な負傷を負う」ものもいるらしい。ちなみにオスよりもメスのほうが群れには受け入れられやすく、犬種によってはほかの犬種より群れになじみやすいものもいる。「明らかに、コミュニケーション能力の低い犬種ほど、自由に歩き回るイヌたちに順応するのが難しかった」と彼女は指摘していた。[21]

集団内の意見の相違を解決する

個体も集団も、争いには効果的に対処できなければならない。争いは、単独のイヌとペアのイヌの間でも、イヌの大きな集団内でも、イヌの集団同士でも必ず起こるし、資源に限りがあれば激しい争いになることもある。では家畜化のプロセスは、争いを回避したり、解決したりするイヌの能力を低下させたのか。それはよくわからない。ドイツの動物行動学者、ドリット・フェダーセン・ピーターセンによれば、イヌの社会行動はオオカミだったころから大きく変化しており、仲間との関係性もオオカミのような完璧な関係ではなくなっているという。彼女のこの結論は限られたデータに基づくものだが、選抜育種がイヌの行動にもたらした影響について興味深い問題を提起している。「私たちの調査では……犬種のなかには集団内での協力（ものごとを一緒にする、といったごく基本的なこと）や競争ができないため、序列の形成や維持ができないものもいる」と彼女は書いている。フェダーセン・ピーターセンによれば、プードルは特にそれが苦手だという。「このようなイヌの集団では、意思疎通がうまくできないため、環境がもたらす困難に協力して対処するのが難しい。驚いたことに犬種のなかには、オオカミたちが普通に使っている紛争解決戦術（相手をなだめる、励ます、抑止する）を持たない犬種もいる……イヌの集団の場合、内部のちょっとしたいざこざがエスカレートして深刻な争いになることも少なくない」と彼女は指摘している。[22]

一方で、自由に歩き回るイヌの群れを調査したイタリアの研究者、ロベルト・ボナンニとシモナ・カファッゾの調査結果はこれとは異なり、「私たちの調査は……家庭という環境で起こった進化は、構造化された群れを形成するというイヌの能力を大きく損なってはいない、と示唆している[23]」と結論付けている。フェッダーセン・ピーターセンの結論と、ボナンニとカファッゾの結論が違う理由の一つは、フェッダーセン・ピーターセンの調査対象は純血種のペット犬だったのに対し、ボナンニとカファッゾの調査対象は自由に歩き回るイヌ、それもその大半は雑種だったからだろう。

組織化された群れには一般に階級制度、すなわちヒエラルキーがあり、これはオオカミの群れにもイヌの群れにも存在する。ヒエラルキーは、餌にありつく順番が最後になる、繁殖が許されないといった一定の負担を個体に課すが、通常は、機能的な集団内で暮らすという利点がその負担を上回る。またヒエラルキーは、動物が結束力のある集団を維持するのに役立つうえ、争いの可能性を抑制する働きもある。支配者と従属者から成るヒエラルキーが確立していれば、誰もが自分の立場をわきまえるし、資源の分配方法も明確なので、資源を巡って毎回争う必要がなくなるからだ。争いはリスクが高くエネルギーも消耗するため、争いが少なければ群れのメンバー全員に都合がいい。ボナンニとカファッゾによれば、このような支配関係があれば、社会的紛争も比較的平和に解決するという。彼らはさらに、支配は対立的な関係だけでなく、親和的な関係で表現されることもあると指摘している。[24]ドイツの動物行動学者、ルドルフ・シェンケルは、オオカミやイヌの社会における服従とは「下位の動物が、友好的または調和的な社会統合を達成するための行為」だと語る。[25]階級制度は、平和の維持にも一役買っているのだ。

動き回る

動物の空間利用方法——その場に留まる、移動する、縄張りをマーキングする、守る、地域の資源を他者と共有する——は、動物の社会的行動を研究する生物学者にとって重要なテーマだ。動き回るという行為は一見、個々の動物の個別の行為のように思えるが、じつは空間の利用は非常に社会的な行為だ。なぜなら動き回るためには、集団内で空間資源をどのように分割し、共有し、奪い合うかについて複雑なコミュニケーションや交渉が必要だからだ。生物学者が動物の空間利用を論じるときは、行動圏、コアエリア、テリトリーの概念を利用する。ウィリアム・バートの古典的論文は行動圏を「各個体が食物集め、繁殖、子育てなどの正常活動をするために動き回る居住地域」と定義している。[26]動物はこの行動圏を、生きていくための基本的な活動、すなわち子育てや食料の確保、移動に利用し、さらには捕食者や悪天候から身を守る避難場所として使っている。コアエリアもまた行動圏の一部で、個体が自分の時間の約半分を過ごす場所だ。テリトリー、いわゆる縄張りは行動圏の小区分で、その個体が独占的または主要な使用権を持つ場所だ。したがって同じ種またはほかの種の動物がテリトリーに侵入した場合は、積極的な防衛が行われる。テリトリーの防衛は歯や爪を使った直接的な防衛もあれば、におい付けなどの嗅覚的シグナル、歯を向く、逆毛や尾を立てるといった視覚的シグナル、吠え声や唸り声などの聴覚的シグナルを使った間接的な防衛もある。このような場所を守るときの個体や集団は、縄張り行動をしていると言われる。

人類滅亡後、イヌたちにとって行動圏、コアエリア、テリトリーは、非常に重要なものとなる。しかしこれらのエリアがどのような状態になり、イヌが空間の区分についてイヌ同士、あるいはほかの種とどう交渉するのかはまだわからず、すべてが憶測の域を出ない。また、イヌの空間利用行動が家畜化の過程でどのように形成されたのか、また、これらの行動が、イヌが育ち、生活する生態的背景によってどのように形成されるのかもわからない。

飼い犬の空間利用についてはあまりわかっておらず、調査は非常に困難だ。また飼い犬が動き回れる場所や時間は人間に厳しく管理されているため、たとえデータがあっても、そのデータが人類滅亡後のイヌの姿を予測する手がかりにはならないだろう。一方で、野犬や自由に歩き回るイヌの空間利用は、研究が比較的進んでいる分野の一つだ。まだわからないことは多いが、それでもイヌの行動圏の規模やテリトリーを巡る行動について、そして縄張り意識と生態学的要素（食料の有無など）の関係性について強力な手がかりを集めることはできる。

一九七三年、アラン・ベックはメリーランド州ボルチモアで、自由に歩き回っているイヌの空間利用に関する最も初期の観察研究を発表した[27]。このときベックが調査対象とした、自由に歩き回るイヌの行動圏は、平均〇・二六平方キロメートルだった。また、スティーヴン・スポットの『オオカミと自由に歩き回るイヌの社会（*Societies of Wolves and Free-ranging Dogs*）』は、自由に歩き回るイヌの行動圏に関する文献を包括的に見直している。彼によると、イヌの行動圏には大きなばらつきがあるが、都市部のイヌの行動圏は地方部のイヌの行動圏よりずっと小さいという点で一貫しているという。ちなみにここで言う都市部や地方部は人口密度をベースにしており、イヌ密度をベースにしているわけではない。都市部の場合、自由に歩き回るイヌの行動圏は一〇ヘクタール（〇・一平方キロメートル）に満たないが、人間の出す廃棄物やゴミがあるため、食料資源は比較的豊富で集中している。一方、地方部の食料資源はもっと分散しているため、多くの場合、イヌの行動圏は非常に広い。調査の結果では、地方部のイヌの行動圏の面積は〇・二ヘクタール（〇・〇〇二平方キロメートル）から二八五〇ヘクタール（二八・五平方キロメートル）の間だった。[28] 自由に歩き回るイヌと野犬の行動範囲のデータを集めている研究者たちも、行動圏の広さはそのイヌがどこに住んでいるかで大きく違うと指摘している。[29]

既存のデータを使って人類滅亡後のイヌの行動圏規模を予測するのは難しい。人間のいない世界では、食料の生物量が大きく減るし、その分布も今とは違ってくるからだ。だが一方で、未来のイヌの行動圏は、食料資源が広く分散する現在の地方部のイヌの行動圏に似るとも考えられる。

これまでの研究結果が示唆するように、行動圏の規模と縄張り意識は、どんなタイプの食料がどこにあるのかによって決まる。マシュー・ゴンパーは著書『自由に歩き回るイヌと野生生物の保護（*Free-Ranging Dogs and Wildlife Conservation*）』で、イタリアの村で自由に歩き回っているイヌと、その村に隣接するもっと田舎の地域で自由に歩き回っているイヌの行動の違いについて書いている。彼によれば、村に住むイヌは単独でいることが多かったが、田舎のイヌは縄張りを持つ群れで生活していたという。

つまりどちらのイヌも人間由来の食料に依存していたが、社会組織や採食戦略は異なっていたというわけだ。[30]

人類滅亡後のイヌも食料資源を確保しなければならず、採食生態の違いから社会組織や縄張り防衛にはバリエーションが生まれるだろう。ボナンニとカファッゾは、自由に歩き回るイヌは食料が豊富にあるうえ、イヌの密度も野生の祖先より高いため、オオカミより縄張り意識が低いのではないかと考えている。自由に歩き回るイヌの集団の縄張り意識には、食糧資源の密度や豊富さ、予測可能性、分布など複数の要素が影響しているらしいからだ。[31] また、好みの餌が違えば食料資源を巡る争いが起きないため、大きさの異なるイヌが同じ行動圏で生活することも可能だ。

空間利用のパターンは、季節や、子犬の存在によって変化することがいくつかの研究で明らかになっている。たとえばアリゾナ州、メキシコ州、そしてユタ州にまたがるナバホ族の居留地で野犬の群れを観察したトマス・ダニエルズは、空間利用のパターンが季節によって変わることを確認している。成犬は、子犬が小さいうちは行動範囲を制限していたが、これはイヌ科動物共通の行動パターンだ。しかし子犬の動きが活発になり、独り立ちしはじめると、成犬は行動圏を拡大する。「渓谷に住むイヌの群れでは、子犬が自力で生きられる生後四カ月くらいになると、群れの行動圏が一〇倍以上に拡大する」とダニエルズは語っている。[32]

先にも述べたように、自由に歩き回るイヌは聴覚的、嗅覚的、視覚的シグナルを用いてほかのイヌの空間利用を制限している。たとえばダニエルズとベコフは、犬が吠えるのは「縄張りへの侵入者に対抗する意思を示す明確なシグナル」だとしている。[33] また、尿、フン、腺分泌物によるマーキングは、そこが自分の縄張りだと示す「フェンス（柵）」の役割をしているが、このフェンスは持続性がないため、イヌたちは頻繁にマーキングし直さないといけない。縄張りを示す視覚的なシグナルとしては、威嚇するように歩く、尾を高々と上げ、歯をむき出してすごむといった仕草があり、このようなシグナルは、侵入してきそうな相手に「ここは私の縄張りだ、おまえが来るところではない」と明確に伝えている。

そのほかいくつかの行動パターンも、人類滅亡後のイヌの空間利用を予測する材料になるかもしれない。たとえば哺乳類の行動圏は、体格に比例する傾向にある。つまり、その動物が大きければ大きいほど行動圏も広くなるのだ。では、この哺乳類の一般的なパターンを使って、イヌの行動圏またはテリトリーの広さを予測できないだろうか。オオカミのテリトリーは、およそ一三〇平方キロメートルから二五九〇平方キロメートルだ。一方、野犬のテリトリーは通常、オオカミのそれよりずっと小さいが、彼らの平均的な体格を考えれば、予想よりさらに小さい可能性もある。しかし人類滅亡後の遠い未来のイヌの場合、その行動圏やテリトリーは、もっと広くなる可能性もある。

もう一つの哺乳類の行動圏パターンは出生地忠実性（「故郷愛」）と呼ばれるもので、これは特定の場所（多くは生まれた場所）に住み続ける、あるいは定期的にそこに舞い戻る傾向のことだ。なじみのある行動圏に住み続けていれば、たいていは新たな場所に移るよりもエネルギー消費は少なくてすむため、人類滅亡後のイヌのなかには、生まれた場所に住み続けるものもいるだろう。その一方で、生息地の環境が厳しい、あるいは個体数が過密といった理由で、移住を強いられるものもいるはずだ。だが今のところ、イヌが新しい地域に移住してうまく定着するうえで最も重要な要素が何かはわかっていない。

周辺の動物との関係

家庭で飼われているイヌは人間と空間を共有する術を学ぶが、その学習がどのくらいうまくいくかは個体によってさまざまだ。これは、一緒に寝ていた愛犬にベッドを独占された経験のある人なら、良くわかると思う。しかし人類が消えてしまったら、イヌが空間を共有する相手は人間ではなく、その地域に住むありとあらゆる野生種の動物となる。そしてイヌは彼らと協力（Cooperate）、競争（Compete）、共存（Coexist）――いわゆる「3C」――して暮らしていかなければならない。この同所的関係（同じ地域で共存する種との関係）は、時間や場所によって変化し、さらに食料やそのほかの資源の入手可能性によっても変化する。おそらくイヌは、キツネやコヨーテ、オオカミ、ディンゴ、ジャッカル、リカオンなどのイヌ科動物とも交流するだろう。かつて都会だった地域では、人間の定住地やその周辺地域での生活に適応したネコ、アライグマ、シカ、クマネズミ、ハツカネズミ、さらには死肉やゴミをあさる鳥とも空間を共有し、田園地帯や自然が多く残る地域では、これらの動物のほか、別の動物集団とも共存することになるだろう。

人類がいなくなれば、イヌは先の「3C」の風景を変えていくことになる。たとえばイヌ、オオカミ、コヨーテが空間を共有する場所では、ギルド内競争（ギルドとは、同じ資源を同様の方法で利用する種の集団を指す）、すなわち同所性の肉食動物同士の競争に変化が起こる可能性もある。(34) オオカミ、コヨーテ、イヌの餌は似ているため、この三つの種がそろって住む地域では、同じ食料資源を奪い合うことになるからだ。(35) しかしイヌは、ヘラジカのような大型の獲物をオオカミと奪い合うだろうか。また、ネズミやウサギのような小型の獲物をコヨーテと奪い合うだろうか。

また、ギルド内捕食もあるかもしれない。ギルド内捕食とは、競合する肉食動物が同じ獲物を奪い合うだけでなく、互いに捕食し合うことを指す。もしオオカミ、イヌ、マウンテンライオンが同じ地域に住んで食料資源を奪い合えば、イヌがオオカミやマウンテンライオンの餌に「なる」可能性は高い。だが同時に、オオカミやマウンテンライオンがイヌの餌になる可能性もあるのだ（ただしこれは想像の域を出ない）。環境学者で保全生物学者のアビ・ヴァナクたちのグループは、イヌはハゲタカ、ワシ、有袋動物、ハクビシン、アナグマ、ライオン、ハイエナなど幅広い肉食動物と餌を奪い合う可能性があると指摘している。そしてその競争の激しさは、その地域の肉食動物社会におけるイヌの相対的地位や個体数の密度、イヌが群れを形成する傾向によって変わってくるだろう[36]。

イヌの同所的関係が、身体の大きさや行動、採食生態によって変わる例を、イヌとオオカミの関係で考えてみよう。オオカミとイヌは、生態的条件によっては協力、競争、共存する可能性があり、場合によっては子をもうけることさえある。たとえば小型犬はオオカミから競争相手とみなされないため、オオカミと共存するかもしれない。だが同時に、小型犬は競争相手というよりは獲物とみなされる可能性もあるため、その場合、少なくともオオカミにとっては、小型犬は3Cのどの対象にもなりえない。一方、大型犬はオオカミに競争相手とみなされる可能性が高く、狙う獲物が同じであれば、その可能性はなお高くなる。しかし中型および大型のイヌが小型の獲物や虫、植物だけを捕食するなら、彼らはオオカミと同じ地域で、ほとんど衝突することなく共存する可能性もある。

オオカミとコヨーテは同所性の種であり、両者の相互作用は、生態系の変化や動物の移動によって同所性の種の関係がどのように展開するかを理解するうえで興味深い。一九二六年に人間によって絶滅したイエローストーン国立公園のオオカミが、一九九五年に再びこの公園に導入されると、彼らはまたたく間に定着してその数を増やした。しかし狼たちはラマー・バレーで群れを形成し、そこに生息していたコヨーテの数を大幅に減らしてしまった。じつはラマー・バレーは食料的には閉鎖生態系だったのだ。そのせいでオオカミとコヨーテの間で熾烈な競争が巻き起こり、それがコヨーテ激減の要因の一つとなったとされている。だからもし今、人間が姿を消したら、今度は無数の「イヌの再導入」実験が始まることになる。イヌは自然の姿を変え、ペットとしてではなく野生動物として生態系に散らばっていくのだ。[37]このときイヌが侵入する生態系の食料資源が限られていればいるほど、同じ地域に住む種との関係は協力や共存関係より競争関係となる可能性が高い。

同所種（同じ地域に重複分布する種）とイヌとの関係性はまさにさまざまで、捕食者と被食者、または「3C」の関係といった単純な関係だけでは語りきれない。イヌとコヨーテの社会的相互作用を調査した生態学者、エリン・ボイストンたちのグループが行ったイヌとコヨーテの交流に関する研究によれば、両者の社会的な交流は遊びから喧嘩までのあらゆる形をとるという。イヌもコヨーテも互いを相手に遊び始めるが、その遊びがどう展開するかはどうやらイヌの体格が影響するらしい。大型犬がコヨーテの攻撃対象になる、あるいはコヨーテが大型犬の攻撃対象になることはあっても、小型犬が攻撃対象になることはなかったからだ。[38]

これはどういうことだろうか。あくまでも推測の域を出ないが、野生動物は自分と生態系を共有し、ライバルとなる動物を認知するスキーマ、すなわち認知的近道を持っているのではないだろうか。おそらく大型犬はコヨーテのそのスキーマに適合し、小型犬は適合しないのだろう。これを人類滅亡後に特定の生態系に入っていこうとするイヌのケースで考えると、一部のイヌ（オオカミやディンゴに似たイヌ）はその地域の野生動物のスキーマに適合してライバルとみなされるが、一部のイヌ（パグやフレンチ・ブルドッグ）は、彼らがライバルと認識する姿とは違いすぎて敵視されないということになる。

ここまで私たちは、未来のイヌがどのような姿で、何を食べ、どのように繁殖するのか、また、彼らがイヌ同士の関係、あるいはほかの動物との関係をどう管理し、誰と空間や資源を共有するのかについて考えてきた。次の章からは、人類滅亡後のイヌにとって最も切実な問題、すなわち彼らの進化にとって最も重要なパートナーであるホモ・サピエンスがいなくなったとき、イヌの内面はどうなるのかという問題に迫っていく。

人間がイヌを愛するのは、その外見のせいだけではない。子犬のような目つきや、かわいい垂れ耳や柔らかな被毛が魅力の全てではないのだ。彼らの内面もまた私たちを強く惹きつけ、それが強い友情と忠誠心を育む土壌となる。人類滅亡後のイヌに考えられる進化の道筋を検討する次の章では、イヌたちのその内面を探っていく。

6章　人類滅亡後のイヌの内面

イヌは非常に頭がよく、洞察力が鋭い。そんなことは、イヌと暮らしたことがある人なら誰でも知っているし、犬の認知や感情について書かれた無数の本や論文もそれを証明している。そう、イヌは私たちの考えや感情を、私たちより先に察することさえあるのだ。イヌが将来生き残っていくうえで必要な能力には、すばやい情報処理能力、新たなスキルを学ぶ力、粘り強く問題を解決する力、リスクを評価する能力、そして他者の意図や感情を正確に読み取る能力などがある。では人間が消えた後のイヌにとって特に重要な能力は、そのうちのどれだろうか。また、その能力は新たな環境でどのように利用され、調整されるのだろうか。そしてそのような特性は、新たな課題に直面することでどのように進化するのだろうか。イヌが何を知り、何を感じるか、すなわちイヌの認知能力と感情能力は、人類が滅亡した後のイヌの生き残りを左右するが、同時にその能力はイヌが直面する課題によって形成されてもいく。

これまでの章でも見てきたように、最も好ましいと直感的に思った特性や行動がじつはそうでもなく、少なくとも再検討に値するようなものだった、という例は少なくない。だがそこが、このような想像力を駆使するプロジェクトの面白いところでもある。

考えることと知ること

イヌの形態的特徴が多様性に富んでいるように、イヌの認知能力もその個体差の幅はおそろしく広い。簡単に言えば、「認知能力」とは知覚や学習、注意、作業記憶、長期記憶、意思決定、問題解決、知能などの精神的プロセスのことだ[1]。前にも書いたように、イヌという種は、足が四本、尾が一本、耳が二つ、そして非常によくきく鼻を持つ肉食動物だが、個体差は著しく大きい。どんな犬にも尾はあるが、その尾は短いものもあれば長いものもあり、毛がふさふさのものも直立しているものもある。同様に、すべてのイヌは鋭い嗅覚と聴覚、暗い場所での視力のほか、嗅覚的、視覚的、聴覚的シグナルを使ったコミュニケーション能力や観察学習能力など、物事の判断に役立つ特定の感覚能力を有している[2]。けれどイヌそれぞれの認知能力は特徴的で個体差がある。なぜなら認知能力のさまざまな要素の組み合わせはほぼ無限にあるからだ。また、この能力は弱いけれど、別の能力が優れているのでトータルには生存に有利という場合もある。たとえば、他のイヌの感情を読み取る能力は比較的低いが、リスを捕まえるのはうまい、といった具合だ。

行動の順応性

「認知行動学の父」と呼ばれるドナルド・グリフィンは、行動の柔軟性――状況が変化したとき、変化に適応した決断を下す能力――こそが意識の指標だと論じた。現在、生態学や認知科学の分野では、環境の変化や新たな課題に直面したとき動物がどのように「認知能力」を修正するのか、認知能力の柔軟性はどのようにして進化的利点をもたらし、生存の可能性を高めるのかについて、多くの研究が行われている。[3] イヌは行動の柔軟性が非常に高い種だが、その柔軟性は個体差が著しく大きいのも事実だ。

人類滅亡後の世界でイヌが生存し続けるには、この行動の柔軟性が最も重要な要素となるだろう。どんな未来が待ち受けているにせよ、人間がいなくなれば、イヌが直面する生態学的課題が大きく変化することは確実で、人間からの食料補助がなくなる、ほかのイヌや動物との社会的交流をうまくこなす新たな能力が必要になるなど、その変化の幅は広い。イヌのなかには、そのような新しい社会的、生態学的問題に柔軟に対応して解決策を考え、ほかのイヌよりうまく生きていけるイヌもいるはずだ。

学習

イヌは学習能力がことのほか優れている。けれど人間がいなくなれば、イヌが学習する方法も内容も劇的に変化する。人間から学ぶ機会がなくなるうえ、人間や人間が支配する環境に対応する術を学ぶ必要もなくなるからだ。だが同時に、彼らは新たに生じた課題への対応方法を学ぶ必要、それもできるだけ速く学ぶ必要に迫られる。

まずは、人間から最も多くを学んでいる飼い犬から見ていこう。彼らが学習する内容の大半は、人間の家庭という特殊な環境で上手に生きていく手段だ。それも、学んだ内容のなかには人間が積極的に教え込んだものも少なくない。イヌは特定の言語的シグナルやジェスチャーに反応するよう「訓練され」ており、たとえば「散歩」のときには人間から一定の距離をとることを、家庭内では特定の場所（たとえばソファ）には行かないことを教え込まれる。また、飼い犬は幅広いスキルや「コマンド（命令）」を学習するが、それらのうち人間が消えた世界でもなお役立つものがどのくらいあるかはわからない。「来い、お座り、待て」、「おまわり」といった芸は、人間のいない世界ではまったく用がない。一方で、人間によるトレーニングの副産物として身についた衝動抑制能力は、人間がいない世界でも役に立つかもしれない。

じつは飼い犬は飼い主に直接教えられたことよりずっと多くのことを知っている。実際のところペット犬が学習したことの大半は、人間が教えたものではなく、イヌ自身が自ら学んだものだ。イヌは人間の行動を注意深く観察し、試行錯誤を通じて、どう反応すれば、望みのものを人間からもらうことができるか、不快な経験を避けることができるかを体得していく。なかには家庭、保護施設、別の家庭、と住む場所がくるくる変わり、まったく異なる環境に適応する術を短期間で身に着けなければならないものもいる。けれど多くのイヌは、このような複雑な課題をうまくこなしている。

イヌとオオカミを比較すれば、家畜化プロセスがイヌの学習能力の遺伝的素因をどう形成したかがわかるもしれない。なかでも最も集中的に研究されている分野の一つが、人間が出すシグナルに従う方法をイヌがどのように学習するのか、特にイヌに見せたいものを指で示す「指さしシグナル」に従うことをどうやって学ぶのかだ。当然ながら、指さし命令に対しては、自由に歩き回るイヌより飼い犬のほうが確実に従うし、飼い犬や自由に歩き回るイヌのほうが、オオカミよりは確実に従う[4]。

自由に歩き回るイヌの学習能力や、知識の伝達方法についてはほとんどわかっていない。たとえば集団内や集団間で、古い世代が若い個体にどのようにして社会的、文化的知識を伝えているのかもよくわかってはいない。しかし自由に歩き回るイヌの認知能力への理解が進めば、おそらく学習のどの側面が遺伝的で、どの側面が人間の社会化によるものかが明らかになるはずだ。

問題解決

人類滅亡後のイヌは、個体としても集団としても無数の新しい問題にぶつかるだろう。食料の調達と確保、避難場所の確保、行動圏の確立と防衛、同盟関係づくり、ペアづくりとその関係の維持、紛争の解決など、彼らには対応しなければいけない問題が山ほどある。

柔軟に行動を変えることができるイヌは、問題を解決する際、一つ、またはいくつかの特定の方法だけにこだわるということがない。それ以外にも問題解決に役立つ特性としては、粘り強さや好奇心、新しいものを追求して対応する性質（新しもの好きの性質）、挫折への対応力、危機回避能力、他者の支援を受け入れる性質などがある。しかしこういった問題解決能力は個体差があるため、集団や群れで生活したほうがイヌにとっては有益だ。集団でいればイヌ同士が知識や学習能力、問題の特定能力、解決能力を互いに補い合えるからだ。

では、人類滅亡後のイヌにとって最も重要な問題解決能力は何だろうか。それはイヌがどのような問題を、どのような状況下で解決しようとしているかによって違ってくる。特に狩猟や危険察知など、生命の維持に関わるスキルに関して言えば、問題をすばやく解決できるイヌが有利になるだろう。だが場合によっては、すぐ結論に飛びつくより、問題をじっくり考えるほうが有利なこともある。イヌのなかには、さまざまな作業を同時に、または順番にこなすことに長けているものもいれば、多くの情報が混在する状況より一つの状況や一連の刺激だけに集中できるほうがうまくやれるイヌもいる。つまりマルチタスクが得意なイヌもいれば、より集中したほうがうまく対処できるイヌもいるのだ。さらにメタ認知の一種である「自分が知らない、ということを知る」もイヌにとっては貴重な問題解決能力かもしれない。それがあれば、エネルギーに見合わない活動にはさっさと見切りをつけて、ほかの活動に取り組めるからだ。[5]

また、問題を解決するには、粘り強い「物体操作」力、すなわち初めて見る物体の正体を突き止め、それが何に使えるかを考える力も重要だ。二〇一九年、飼い犬と自由に歩き回るイヌの粘り強さについて調査したマルティナ・ラザロニたちのグループは、生活体験が異なる複数のイヌに食べ物を仕込んだ目新しい物体を見せ、その反応を比較した。この実験の結果、自由に歩き回るイヌより飼い犬や飼育下のイヌのほうが、新しい物体を粘り強くいじって、そこに仕込まれたご褒美の餌を食べようとすることがわかった。[6]

このような粘り強さは問題解決の成功につながるが、それでも限界はあり、粘り強さが行き過ぎて固執になれば、問題解決能力は低下する。二〇一二年、ブチハイエナの問題解決能力を調査した生物学者のサラ・ベンソン・アムランとケイ・ホールカンプは、粘り強さや、反応の多様性があれば問題解決に成功する確率は上がるが、だからといって一番粘り強いハイエナが問題解決に最も成功するわけではないと明らかにした。最も粘り強かったハイエナは、ときにワンパターンの思考にはまって同じ動作を繰り返し、そこから抜けられなくなっていたからだ。ベンソン・アムランとホールカンプは「保続性の誤りは、刺激や報酬がないにもかかわらず個体が同じ行動反応を何度も繰り返すときに起こるが、そのような固執は問題解決や学習の妨げになると考えられる。問題を確実に解決するには、保続性の誤りを避け、別の解決方法を探さなければならない」と記し、「人間の創造性とよく似た、初期の探索的行動の多様性こそが、人間以外の動物が問題を解決する際に重要な（けれど多くの場合見逃されている）要素であることを私たちの調査は明らかにした」と結論づけている。[7] そんなハイエナと同様、人類滅亡後のイヌもこれまで経験したことのない食料獲得「問題」に直面するため、革新性と創造性と柔軟性――そして適度の（過剰ではない）粘り強さ――が彼らの生存を左右する鍵になるだろう。

生活体験と粘り強さを調べたこれまでの調査に基づいて考えると、移行期のイヌ、特に人間との接触が多かったイヌは、問題に向き合う姿勢が第一世代や後世代のイヌとは違うように思える。しかしこれに関しては、よくわからないことも多い。たとえばきちんと訓練された飼い犬は、「専門的な」問題解決教育（人間による教育）をまったく受けていないイヌより問題解決能力が高いのだろうか。もしそうなら、そのような問題解決能力は生き残っていくうえで有利に働くのだろうか。しかし高度に訓練されたイヌだと、粘り強いハイエナのように特殊かつ狭い範囲の対処法にこだわってしまい、人間のいない世界ではかえって不利になる可能性もある。だがもしかしたら訓練されているイヌは、何かをやってみて報酬が得らなければすぐに別の方法を試すことを学んでいるかもしれず、その行動パターンが適応能力の向上につながることも考えられる。飼い犬を対象にしたいくつかの研究では、訓練が飼い犬の全体的な問題解決能力を向上させることがわかっている。[8]

また、特別に「賢い」イヌや、特定の能力に長けているイヌのほうが人間のいない未来を生きていくのに有利なのか、という問題も答えはよくわからない。一〇〇〇の言葉を理解できるあの有名なボーダーコリー、チェイサーのようなイヌのほうが、「お座り」の一言しか知らないチェスターより生き残れる可能性は高いのか。これは何とも言えないが、この問題を考えていくと興味深い別の疑問が生まれる。たしかにチェイサーは、言葉を覚え、推論を立てる能力が高かった。けれどそんな世界レベルの語録構築能力をほかのタイプの問題解決にも応用できたかはわからない。もしかしたら「お座り」の一語しか知らないチェスターも、じつは言葉を覚えるという作業に興味がないだけで（語録構築が彼には退屈だったのかもしれない）、食料の確保や交尾相手の獲得に関しては、チェイサーより優秀という可能性だってある。

イヌが直面する問題は社会的な性質を持つものも多く、紛争の解決や、スペースなどの資源を平和的に分配するための交渉といった社会的相互作用に関するものもあれば、ほかのイヌが何を考え、何を感じているかを理解するといった認知能力に関するものもある。じつはイヌは、社会的な問題の解決能力が非常に高い。だからあらゆる種類のイヌがほぼ初対面で出会う、興奮度の比較的高いドッグランでも、たいていのイヌは社会的な問題をきちんと認識、解決しているので喧嘩は驚くほど少ない。

イヌは、団結力のある集団を協力して作り、共通のゴールを達成する。ドッグランで集団になっているイヌを見てもそれは一目瞭然だ。彼らは驚くほど調和した動きを見せ、たとえ初対面同士でも、走りながら瞬時に心を通わせ、集団でのダンスを繰り広げていく。このようにイヌが連携して行動することは、二匹以上のイヌと一緒に暮らしたことがある人なら誰もが知っているだろう。それでも、社会的協調や協力が不可欠な問題をイヌがどのように解決しているかについての研究はまだ始まったばかりで、わかっていないことは多い。

動物の協力関係に関する研究は多くの場合、飼育環境下にあるイヌを対象として、高度にコントロールされた環境で行われており、研究課題は「共有の目標を達成するために、動物に何をさせることができるか」という形をとることが多い。そしてこの「共有の目標」実験で最も一般的なのがロープ引きの実験だ。これは、二匹の動物がロープの両端を同時に引っ張り、餌がのった台を自分たちが届く場所まで引き寄せるというもので、動物が協力し合う度合いを比較するために、さまざまな種に対してさまざまな反復で実施されてきた。この実験で研究者たちが特に関心を寄せたのがイヌとオオカミだ。サラ・マーシャル・ペスシニのグループは、イヌよりもオオカミのほうが互いに協力するらしいとし、オオカミとイヌは種間協力をするようになるだろうと結論づけた。[9]またフリーデリケ・レンジの研究チームは、オオカミもイヌも人間を誘ってロープを引く課題に協力させることを明らかにした。[10]

このような実験結果は、行動の認知的裏付けを理解するのに役立つうえ、実験の条件を変えることで変数をコントロールできるので、特定の疑問に対してより確かな答えを得ることもできる。しかしその実験結果が、複雑な現実世界にあてはまるかどうかはわからないし、人類滅亡後のイヌにあてはまるかはもっとわからない。ではこれらのデータは「イヌはオオカミほどには互いに協力できないから、団結力のある群れを簡単には作れない。よってイヌは、群れで暮らすメリットすべてを享受することができない」と言っているのだろうか。それとも、飼育環境下にあるイヌはたんに、他者と協力する経験をしてこなかっただけなのだろうか。

飼育環境下にあるブチハイエナを対象にした一連のロープ引き実験により、複雑な協力的問題の解決に社会的要素と個体的要素がどう影響するかについての理解が深まったが、その知見は自由に歩き回るイヌにも適用できる可能性がある。動物行動学者のクリスティン・ドレアとアリサ・カーターが、ハイエナは目標を達成するために複雑な協力的行動をとるという証拠をつかんだのだ。彼らによれば、ハイエナのペアは協力して問題を解決する際、行動を同期し、連携し、パートナーの動きに合わせて自分の行動を調整していたという。ドレアとカーターは、ハイエナは「集団での狩猟戦略を模した協力的課題を解決するために、時間的にも空間的にも行動を調整していた」と結論づけている。[11] ハイエナもイヌも社会的肉食動物であるため、この結果は人類滅亡後のイヌが食料確保などの問題を解決するためにどのように協力するかを考えるうえで示唆的だろう。

社会性のある動物が直面する問題の一つに「個体間」の争いがある。五章では社会力学に地位と同盟が果たす役割について述べたが、問題解決能力もまた、集団や二者関係の社会力学においては重要な要素だ。マーシャル・ペスシニたちのグループによるロープ引きの実験は、イヌが社会的葛藤を解決する手段について、いくつかのヒントを与えてくれている。彼らは、協調性を調べる実験でイヌよりオオカミのほうが成績が良かったのは、イヌは紛争の解決より回避を優先したからではないかと指摘している。[12] 現在のところ、イヌが個体間の問題をどのように解決しているかも、そのために彼らが互いにどう協力しているかも完全にはわかっていないが、自由に歩き回るイヌたちの協力や連携に関する研究がさらに進めば、人類滅亡後のイヌについてより詳しい予測ができるようになるだろう。

思考と生態学的課題を結びつける

リチャード・バーンは一九九五年の著書『考えるサル：知能の進化論』で、環境上のニーズと種の認知能力の相互作用を探った。この著書で彼は、食料の入手可能性の変動が霊長類をはじめとするさまざまな動物の行動や感覚能力にどのような影響を与えるかについて検証している。このとき彼が示した例で最もよく知られているのが、どの果実がいつ、どこで熟すかを知っておく必要のある果実食性霊長類が持つ高度な空間認知能力の進化だ。

バーンの研究が示すように、動物は自身が住む生態的地位に基づいてある一定の認知能力を進化させる。これまでの三章を踏まえれば、人類滅亡後のイヌの採食生態は、それがどのようなものであれ、イヌの身体や頭蓋骨の形状、社会的行動、さらには心の進化にも大きな影響を与えると思われる。また現在、世界中のイヌが食料を人間に頼っていることを考えると、人類の滅亡はイヌの認知能力の進化にも大きな波紋を広げるはずだ。

飼い犬であっても、人間の集落のはずれに住むイヌであっても、現在のイヌの大半は、人間と密接に交流し、相互に依存している。したがってイヌの生活にとって最も重要な生態学的変数である私たち人間が突然消えたとき、彼らの認知的、感情的生活の進化の軌跡がどのように変化するかという問題は、人類滅亡後のイヌの将来を推測するうえで最も興味深い事柄の一つだ。人間が消えれば、イヌが住む生態系には地殻変動が起き、イヌが考え、反応し、感じる必要のある事柄も劇的に変化する。人間の家や都市に適応するというこれまでの課題が、今度はイヌたちだけで生きるという課題に取って代わるのだ。

人類滅亡後のイヌの集団は、独自の環境に住み、その認知能力は直面するさまざまな困難に対応して進化を続けていく。その困難には、物理的な困難（暑さやさまざまな天候への曝露、高度、食料資源の種類）もあれば、認知的な困難もある。たとえばもしイヌが大型の獲物を餌にするなら、その環境では協力的狩猟と集団生活が進化する可能性が高い。そして協力的狩猟にはある種の頭脳が求められ、集団生活をするのにもある種、ある水準の社会的、感情的知性が求められる。また、森林に住むイヌは開けた砂漠に住むイヌよりもニュアンスの豊かな鳴き声のレパートリーを持つようになるかもしれず、広大な生態系に住むイヌは、よりニュアンスのある視覚的シグナルを発達させるかもしれない。このような可能性は、非常に興味深い。

感情的知性

感情とは刺激に対する「情動」（気分または気持ち）で、生理的、行動的反応をもたらす。感情が進化したのは、それが適応的だからで、感情は行動を制御、誘導する役割を果たす。もしイヌの情動体験を理解したいのなら、私たちは自分の内側に目を向けるといい。なぜならイヌと人間は幸福感や恐怖、怒り、嫌悪、喜び、興奮、情愛、嫉妬、苦悩といった多くの基本的感情（情動体験）を共有しているからだ。そう、すべてのイヌはこのような感情を持っているのだ。しかし形態的特徴や認知的特徴に個体差があるように、感情の状態にも個体差がある。また、どのような環境で何を感じるかにも、その感情の深さや感情への対処法にも個体差がある。動物の感情は何百万年もかけて進化してきたものなので、よほど長期的な時間軸で考えない限り、イヌの基本的感情のパターンが大きく変化することはない。たとえ変化が起こるとしても、そのスピードはおそろしく緩慢なのだ。

感情的知性とは、自身や他者の感情を的確に認識、理解し、その情報を自らの行動の指針とする能力だ。「知性」と同様に、感情にも複数の「分野」があり、それぞれのイヌによって得意な領域は異なる。たとえば自制心が非常に強いイヌなら、恐怖への反応や不安感の制御に長けているため、攻撃的で敵対的なイヌに挑まれても冷静さを保つことができるし、仲間の意図や気分を察する能力が高いイヌなら、ほかのイヌとうまく協力して、対立的な状況を避けることができる。また、流血沙汰となる争いの阻止や、グループの団結力が損なわれかねない一触即発の状況をなだめるのが得意なイヌもいる。

イヌが人間に対して抱く感情についての研究、すなわちイヌの共感力や人間の感情を読んで反応する能力、人間とイヌが見つめ合うときに生じるオキシトシン・フィードバックループなどに関する研究もこれまでずいぶん行われてきた。たしかに多くのイヌは人間に感情移入し、人間との絆を深める。しかしイヌのこうした感情移入の能力を左右するのは人間だ、イヌがこのような感情を寄せるのは人間だけだ、といった言説は誇張であることも多い。もちろん人間がいなくなればイヌの感情も変わるだろうが、実際にどのくらい変化するのかはわからない。

人類滅亡後のイヌの性格

イヌの性格は、自己主張が強い、大胆、内気、外向的、内向的、向こう見ず、好奇心が強い、自信満々、臆病、用心深い、衝動的、慎重、敏感など、まさにさまざまで、それぞれのイヌの性格を挙げていけばきりがない。また、イヌを飼っていた人やイヌとよく接触していた人なら誰もが知っているように、イヌも人間と同様に愛すべき点と厄介な点が組み合わさった、独特の個性を持っている。[13]

性格は遺伝と経験の複雑な相互作用によって生まれるもので、動物がいかに上手に自分の環境を利用できるかに影響を与える。また性格の個体差は、生存していくうえで重要な多くの日常的活動にも大きく影響する。たとえば意思決定の方法も、新奇なものに対する反応や他者からの曖昧なシグナルに対する反応も、その動物の性格によって変わってくる。さらに性格は、認知と感情の別の側面とも密接に関連している。たとえば問題に直面したとき、解決方法を決めるのは、その個体の性格特性だ。

そこでイヌの性格を調査した研究に基づき、人類滅亡後のイヌに関する一般的な疑問について考えてみたい。たとえばリスクを恐れず、果敢に新たな状況を探ろうとする大胆なイヌは、慎重なイヌよりも生き抜くのに有利だろうか。じつは必ずしもそうとは言えない。イヌの研究では直接的エビデンスがないものの、スイフトギツネの再導入プロジェクトで生き残った個体の行動特性を評価したサマンサ・ブレムナー・ハリソン、パウロ・プロドール、ロバート・エルウッドによれば、無線で追跡したキツネのうち六カ月以内に死亡したのは、研究者たちに「大胆な性格」と評価されていたキツネだったという。[14]また、フランチェスカ・サンティチアたちのグループによる二〇一九年の調査では、大胆な性格のトウブハイイロリスのほうが、リスク回避型のトウブハイイロリスよりも内部寄生虫に感染しやすかった。[15]

では、気が短く、忍耐力のないイヌは生き残るのに不利なのだろうか。これも、必ずしもそうとは言い切れない。イヌのなかには、難しい問題に直面すると簡単にあきらめるものもいるが、粘り強さと固執について前述したように、失望しやすさやあきらめのよさすべてが不利というわけでもないらしい。

進化にとっては、雑多な性格の組み合わせが有利に働いてきた。一つの集団にさまざまな性格のイヌがいることは、集団構造の安定にとっても、イヌが種として生き残るうえでも極めて重要で、集団や群れの個体すべてが大胆、または内気では、生き残っていける可能性は低くなる。これは、全個体が向こう見ず、あるいは全個体が慎重な集団や群れでも同様だ。

人類滅亡後のイヌはストレスにどう対処するか

ストレスに対する個々の対処戦略や反応は、その個体の性格が関わっており、遺伝や性格特性、生活体験が複雑に組み合わさって形成される。人類が滅亡すれば、イヌの生活がストレスの多いものになることは間違いなく、移行期のイヌには食料調達や住まい探し、イヌやそのほかの動物との交流や交渉など、さまざまな困難が降りかかってくる。それもそのほとんどが、これまで経験したことのない恐ろしいものばかりだ。その結果、多くのイヌは生き延びることができず、ほかのイヌより優位に立つための争いも熾烈を極めるだろう。それでもなんとか一部のイヌが移行期を乗り越え、人類滅亡後の新たな生態系に新世代のイヌが生まれたとしても、そこには柔らかなベッドもなければ餌が入ったお皿もない。ましてや安全を保障してくれる飼い主が頭をなでてくれるわけでもないのだ。人間の場合、苦難は最善の結果をもたらすことも、最悪の結果をもたらすこともある。たとえば立ち直りが早く、冷静な理性と「コップにはまだ半分水が残っている」と考えられる楽観主義で難局を乗り切る人もいれば、プレッシャーに押しつぶされ、ストレスや痛みに苛まれて感情を押し殺し、支援の手を差し伸べた人に暴言を吐いてしまう人もいる。そしてこれはイヌも同様で、ストレスや不快な状況にどう対処するかが、その個体の適応や生き残りの可能性を左右する。

一九五〇年代、内分泌学者のハンス・セリエは、彼が「ストレス」と呼ぶ「有害物質」に生体が反応するには三段階のプロセス（警告反応、抵抗期、疲労困憊期）があるとし、これはその後、汎適応症候群（GAS）と呼ばれるようになった。[16] 彼が指摘したとおりストレスの原因はさまざまで、飢餓によるストレスから捕食者の存在によるストレス、病気やケガ、あるいは全速力で走った疲労によるストレスまでその幅は広い。一般的にストレスは「良くないもの」と捉えられがちだが、じつはストレスは有用でもある。快ストレス、すなわちポジティブなストレスは、動物に行動を促し、革新を促進し、回復力を高める働きをする。

現在のイヌはさまざまなストレス要因にさらされているので、ストレスへの彼らの対処法を見れば、人類滅亡後のイヌの姿を予測する手掛かりになる。たとえば自由に歩き回るイヌや野犬が感じるストレスは、過酷な暑さや寒さ、食料や空間を巡る競争など、野生の近縁種が経験するストレスとよく似ている。したがってこのような「気骨のある」イヌは、ストレスに対処する感情的戦略を身につけているため、移行期には、甘やかされたペット犬よりも有利かもしれない。だが一方で、飼い犬の生活も一般に考えられているよりずっとストレスに満ちている。たとえば飼い主が仕事に出かけているときは長時間の孤独を強いられるし、罰を伴うようなトレーニングもストレスは非常に高い。つまり飼い犬もストレスへの対処能力や回復力は身につけているが、おそらくそのほとんどが気づかれていないのだろう。

ストレスへの対処スタイルとは、動物がストレスに反応する際の生理的、行動的な個体差のことで、これらの反応は時間が経過しても一貫している。たとえば、行動生理学者のジャップ・クールハスたちのグループは、ストレスへの対処スタイルをプロアクティブ型（事前対応型）とリアクティブ型（反応型）に分けている。クールハスの研究についてヴィンダスたちのグループは「事前対応型の個体は、行動学的には大胆で攻撃性が高く、支配的で、ルーティンの変更に対して融通が利かない傾向にあり、生理学的には視床下部－下垂体－副腎系（ＨＰＡ）軸の反応性が低く（すなわちストレス後のコルチゾールが低い）、脳のセロトニン作動活性も低いが、ドーパミン作動活性は高い。一方、反応型の個体はこれとは正反対の行動学的、生理学的プロフィールを示す」と記している。[17]

これは、事前対応型の対処スタイルが良く、反応型対処スタイルが悪いと言っているわけではない。個体にとっては、どちらの対処スタイルも適応的であり、対処スタイルに個体差があることは、集団にとって適応的だ。しかしイヌのストレス対処スタイルとその戦略に関する研究は非常に限られており、たとえあってもその研究テーマは、保護施設や犬舎環境へうまく適応できないイヌの特定[18]や、高ストレス下で訓練された警察犬の行動にストレス対処スタイルが与える影響などが中心だ。[19] したがって、人類滅亡後のイヌのストレス対処スタイルについて現在言えるのは、それが個体の生き残りに間違いなく関わってくるということだけだ。

遊びの喜び

遊びは、イヌの認知能力や感情スキルの発達と発現を促す主要な要素の一つで、遊びには共感や協力、信頼、公正さ、心の理論のほか、他者の意図や感情を読み取る力も関わっている。したがって、人類滅亡後のイヌの生活に遊びが果たす役割を想像することは、イヌはなぜ遊ぶのか、家畜化はどのように遊び行動を形成したのか、そして自然選択下で遊びのパターンは変化するのかを考えるきっかけになる。

イヌが遊ぶ理由はたくさんある。だがなんといっても一番の理由は「楽しい」からだ。遊びの適応的機能には、社会化と社会的絆づくり、身体運動、認知訓練、そしてマークたちのグループが言う「不測の事態に対処する訓練」（予測不能で変化する状況に適応できる柔軟な反応性を養う訓練）などがある。[20] また、遊びは長期的な社会的関係を構築するうえで重要、という可能性もある。もちろんすべての遊びが社会的というわけではなく、イヌは棒や松ぼっくりで一人遊びをすることも、自分の尻尾を追いかけて遊ぶこともある。

遊びのもう一つの効用は、信頼関係の構築だ。子どものコヨーテの遊び行動に関するデータでは、公平に遊ばない個体――たとえば強く噛むなどの「ルール破り」をする個体――は、遊び相手を見つけるのが難しい。そのような個体は強い社会的絆を結ぶことができないため、結局は集団を離れざるを得なくなり、死亡率も集団内に残った同腹の子や兄弟より高くなる。そう、遊びのルールを守らないコヨーテは高い代償を支払うのだ。そしてそれは、人類絶滅後のイヌにとっても同じだろう。

移行期の飼い犬が遭遇する最大の変化の一つが、主要な遊び仲間である人間を失うことだろう。多くの飼い犬にとって飼い主との遊びは人間との関わり合いの重要な一部で、遊びは人間とイヌの絆を形成し、維持する手段の一つでもある。だとすれば遊び行動は、イヌが人間の注意を惹くために進化させた方法の一つだったかもしれず、遊びは人間とイヌの絆づくりを促す重要な原動力でもあるのかもしれない。しかし人間が消えてしまえば、イヌはイヌ同士で遊ぶ機会が格段に増えるし、オオカミやコヨーテ、キツネなどほかのイヌ科動物と遊ぶ可能性さえある。[21] イヌはほかのイヌ科動物と「遊びの言語」を共有しているし、基本的な遊びのパターンもよく似ているからだ。イヌ科動物はみな、遊びたいときや遊びを続けたいときは明確なシグナルを出して、その意志を相手に伝える。さらにイヌは、イヌ科動物以外の相手（ウマなど）を相手に遊ぶことさえある。[22]

イエイヌは遊びの量が多く、成犬になってもなお遊び行動をするのが特徴だ。成犬になっても多くのイヌが遊びを楽しむのは、家畜化のプロセスにおける選択圧のせいかもしれない。あいにく自由に歩き回るイヌや野犬の遊び行動に関する調査はあまりないが、ほとんどのイヌは遊ぶし、特に幼いときはよく遊んでいると思われる。それでも自力で生きているイヌは、飼い犬ほどには遊んでいないようだ。おそらく自由に歩き回るイヌや野犬は、生きていくための基本的な活動に多くの時間とエネルギーを取られるからだろう。縄張りを守り、餌を食べ、自分が餌にならないよう気を配り、紛争の回避や解消に苦心し、交尾相手も探さなければならない彼らは、とにかく忙しいのだ。飼い犬がたくさん遊ぶのはおそらく、レジャーにあてる時間がふんだんにあるからだ。ということは、食料探しや安全の維持が比較的容易な環境なら、自活しているイヌももっと遊ぶのかもしれない。子犬の遊びの量を決める要因はいくつかあるが、その一つが「育児スタイル」すなわち、母親が子どもたちをどのくらい遊ばせるかだ。アンボセリ・ヒヒに関する研究によれば、生きていくのが厳しい時期、母ヒヒのなかには子どもの遊び時間や活発な遊びを制限するものが出てくるという。たぶんこれは子どもたちのエネルギーを温存するためだろう。[23]子犬の発達や社会化にとって遊びは重要な要素なので、未来のイヌも間違いなく遊ぶはずだが、おそらく現在の子犬ほどには遊びに時間をさかないだろう。

人類滅亡後のイヌたちが、誰と、どのくらい遊ぶのかはわからない。しかし彼らが生き残るうえで遊びが重要であることは確かだ。

これまでの四章では、人類滅亡後のイヌがどのような生活を送るかを、形態学から頭蓋骨の形、餌のタイプと入手可能性、性と繁殖、社会集団の構造、イヌの心の働きまで、さまざまな角度で考えてきた。そのなかで私たちは、二つの大きな疑問にできるだけ答えようとしてきた。一つ目は、人間がいなくなった直後に何が起こり、人間抜きの生活への移行にイヌは耐えられるのかという疑問。もう一つは、人間から切り離されたイヌたちが進化を続けたら、どうなるのかという疑問だ。自然選択の下、何十年、何百年、何千年と経ったとき、イヌはどのような姿になるのか、そして彼らの行動はどう変わるのだろうか。

以下は、人類滅亡後に、イヌの進化の過程で起こると思われる主な変化だ。

- イヌの身体や頭蓋骨の物理的形状が変化する。不適応な形質（短頭など）はすぐに姿を消し、すべてのイヌは現在の野犬とよく似た外見、すなわち身体は中型で、赤み／茶色がかった単色の被毛、先のとがった耳、長い鼻先、中程度の長さの被毛（毛がフサフサか、そうでないかは生息地域による）を持つようになる。
- 人類滅亡後のイヌにとって重要な課題は食料の確保だ。人間由来の食料がなくなると、食料の入手可能性は劇的に変わる。多くのイヌはこの移行期を乗り切れないが、それでもイヌが持つ行動上の柔軟さや、多才さ、日和見主義的な性質は、新たな課題に適応していくのに役立つだろう。イヌは食べられるものはなんでも食べるようになり、生息環境やその地域の食料の有無、ほかの動物との競争に合わせてさまざまな採食戦略を進化させていく。

- イヌの交配および繁殖戦略は採食生態ほどには変わらないと思われる。しかし、発情周期が年一回に戻ったり、求愛行動が長期化、儀式化したり、父親と母親の子育てへの参加度が高まったりするといった変化はあるかもしれない。
- イヌは、意志の伝達や紛争の解決といった社会的スキルを磨く必要に迫られる。人類滅亡後の世界では、絆で結ばれたペアや小規模集団、群れなど、さまざまな社会組織が機能するだろう。生き残っていくには、社会化の初期に形成されたスキルが重要となる。
- 行動の柔軟性は、イヌが人類滅亡後の世界を生き抜くときの鍵の一つとなる。多様で新奇な環境に速やかに適応し、問題を解決できるイヌこそが、最も生き残る可能性が高い。イヌたちが新たに直面する課題は食料の獲得だけにとどまらず、人間の手助けなしにイヌ同士の複雑な関係を構築、維持していくという難題にも対処しなければならない。

ここまで私たちは人類滅亡後のイヌに何が起きるかについて説明し、どの表現形質が最も適応的か、どのような表現型の変化が種や個体のレベルで起こりうるかを探ってきた。特に焦点をあてたのが進化上の問題で、個体や種のレベルで起こった変化を、それがイヌの生存や繁殖につながるか否かという観点から有益か有害か判断した。

この後に続く最後の三章では、議論を現代のイヌに戻し、これまでの思考実験で浮き彫りになった倫理的問題を取り上げていく。そして、人間のいない未来の世界でもイヌが生き残れるようにするには私たちは何をすべきかを考え、イヌにとって人間のいない生活は今よりいいのか悪いのか、今後も人間がこの世界に存在し続ける場合、今回のこの思考実験は人間とイヌが共存する世界の倫理的側面にどのような光を投げかけるのかを考えていく。つまり、人類滅亡後のイヌの未来は、愛犬に最善の暮らしをさせてやりたいと願う現在の私たちに何を教えてくれるのかを考えるのだ。

7章　人類滅亡の日に備える

ナショナルジオグラフィック・チャンネルの『プレッパーズ〜世界滅亡に備える人々』は、社会や生態系が壊滅的に崩壊する日がすぐそこまで来ていると信じる世界のさまざまな人たちの意識と生活を紹介するシリーズ番組だ。(1) 彼らは自分自身や家族のために、過酷な未来への準備を着々と進めている。地下壕を掘る人、地球上で最も辺鄙な場所を探す人、都会の真ん中にハイテクと太陽発電を完備したツリーハウスを作る人など、その対策はさまざまだ。そうやって世界の終末に備える彼らは、非常事態に備える人を意味する「プレッパー」という名で呼ばれている。プレッパーたちは非常袋を用意するだけでなく、ナイフの刃を研ぎ、予備の銃弾や食料を備蓄し、浄水器やヨウ素剤を確保し、強靭で持久力のある身体を作ろうと日々、心身を鍛えている。

ではここで私たちも、想像を絶する未来、すなわち人類は間もなく滅亡するという未来を想像してみよう。もし人類が滅亡するなら、まずはその後の世界でも私たちの愛犬が生き延びられるよう、大急ぎで準備をしなければいけない。たぶん、移行期に愛犬が自力で生き延びる可能性を高めるくらいのことはできるだろう。少なくとも食料の確保方法や獲物の追跡方法は教えられるし、交尾相手探しや同盟づくり、孤独に耐えるといったスキルも教えられるはずだ。では、これまでの思考実験を続けるつもりで、けれど今回は未来ではなく現在に目を向けて考えてみよう。ただしここでは人類滅亡の日に備える特定の方法を推奨するわけではなく、先の四つの章から考えられる現実的な準備案の可能性について考えるだけだということに留意してもらいたい。

サバイバル入門

現在のイヌたちが人類滅亡後も生き延びるには、いったいどのような備えが必要だろうか（これはドッグフードを大量備蓄する、といった、人類滅亡の日に向けた「防災準備」について尋ねているのではない）。野犬はすでに自活しているから、自由に歩き回るイヌと同様、自力で生きていくためのスキルの多くは身につけている。したがって前述したとおり、彼らが移行期およびその後に直面する最大の変化は、人為的な食料資源の喪失だ。現実問題として、現在のイヌが生ゴミや廃棄物を食料源として頼るのを阻止するのは難しいが、それでも未来に備えるためにやってみることはできるし、迷い犬に餌を与えている親切な人たちも、とりあえずその習慣を徐々にやめていくことはできる。しかし、そのような食料補助に頼る多くのイヌの生活には、多大な影響が及ぶだろう。

では飼い犬はどうだろうか。人間がいなくなったときに彼らが困らないように、私たちが今できることと、やっておくべきことはあるだろうか。以下は、これをイヌにさせれば、彼らが生き残るうえで有利になると思われる準備の例だ。

実用的なスキル：イヌが生き残っていくのに役立ちそうな行動を練習させる。たとえば散歩中に自分で餌（ガチョウのフン、ゴミ箱から落ちた食べかけのハンバーガーや豆腐ホットドッグ）をあさらせる、庭に穴を掘らせる、テーブルや人間の手から食べ物を奪い取らせるなど、できるだけ自由にイヌ本来の行動をとらせる。

体力：激しい運動をたっぷりさせ、持久力を育む（散歩を徐々に長くしていき、その後は飼い主と一緒に走らせる）、イヌが疲れきるまでボールを追いかけさせ、無酸素運動の体力をつける、細身の体形維持を心がけ、太りすぎたら減量させ、歯や被毛を清潔に保つ。

精神の健康：イヌに安定した環境を与えて独立心、自立心、自信を育む。自ら環境をコントロールできるように選択の自由を与える（ドッグドアの設置など）、自身の要望（外に行きたい、遊びたい、餌を食べたい）を伝えるコミュニケーション・ツールを与える、良い効果をもたらすストレスを与える（解決が難しく、適度な挫折を伴うようなストレス）、やりがいと充実感のある作業を与える、過保護にしない、孤独に耐える力を育む。

社会性：子犬には早い段階で適切な社会化を行い、社会的な自信や回復力を育み、有能な成犬に育てる。人間やほかのイヌと幅広い関係を築くように促す。紛争の解決など社会的スキルを身につけるのを助け（イヌ同士がもめた際、仲裁に入って貴重な喧嘩の機会を奪わない）、イヌ同士の健全な関係づくりを促し、遊びの機会をたっぷり提供することで、イヌ同士のコミュニケーションスキルを身につけさせる。

トレーニングとスキルの獲得：鼻の上におやつをのせる、お回りをして餌をもらうといった人間本位のトレーニングを見直し、集中力や衝動抑制など生き残りに必要なスキルを養うトレーニングに切り替える。イヌの自然な行動（屋外でのマーキング、人間やほかのイヌの股間を嗅ぐ行動、穴堀り、放浪など）を禁じるのをやめる。

スポーツとゲーム：ノーズワーク（嗅覚を使うゲーム）やアジリティ（障害物競走）、フライボール（ボールを使った競技）、フリスビーなどのドッグスポーツの機会を与え、有益な身体的スキルや知的鋭敏さを養う。犬ゾリ、スキージョーリング（スキーを履いた人を引っ張るゲーム）などのスポーツは生き残りに必要なスキルを養うわけではないが、体力や持久力がつくため人類が滅亡した未来に備えるにはもってこいだ。遊びは社会的スキルやコミュニケーションスキルを育むうえ、有酸素運動も無酸素運動もでき、不測の事態への対応力も身につくため、イヌには遊ぶ機会、特にほかのイヌと遊ぶ機会をたっぷり与える必要がある。

スーパードッグをつくる

たとえば人類滅亡後もイヌが生き残れるようにする最善の方法を「管理された交配の強化」と決めたとしよう。目標は、最高の科学的裏付けに基づいて未来のイヌに有益と思われる形質のみを選抜し、人間の助けがなくても生き残れるスーパードッグ（囲み7．1を参照）をつくることだ。そしてその実現のために、私たち人間はイヌの繁殖にできる限り介入する。だが、優生学的に優れたイヌをつくるというこのプロジェクトはなかなか厄介だ。というのも、個体の形質の何が適応的で、何が不適応かは状況次第で大きく変わるため、プロジェクトは多くの推測や予測に基づいて進めざるをえないからだ。だがとにかく、これこそが人類滅亡後もイヌが生き残る最善の策である、と仮定しよう。そこでまずは、明らかに不適応と思われる形質から明らかに有益と思われる形質まで、さまざまな表現形質を特定する。(囲み7.1を参照)もし、繁殖をできるだけ厳密に管理するのなら、世界中のイヌの多くを外科的またはホルモン的に去勢し、人間の直接的管理の下でしか繁殖できないようにするといいだろう。

囲み7.1：未来のイヌの典型

イヌの典型を3Dプリントする夢のような新技術があると想像してほしい。コンピューターに搭載されているのは、イヌの典型を設計するために利用する人類滅亡後のイヌ版SIMS(人生シミュレーション・ゲーム)だ。そこに、イヌの行動特性や形態特性、さらには気候や動植物の群落などさまざまな変数を入力する。あとは進化の軌跡を高速化して、どの変数が組み合わされればそのイヌは生き残り、どの変数が組み合わされれば生き残りに失敗するかを見るだけだ。入力した変数(頭蓋骨が短い短頭蓋など)のうち、生存不可につながるものはあるだろうか。行動の柔軟性や雑食性といった要素は、つねに生き残りの成功につながるのだろうか。

(ポピーという名のこのイヌの容姿は、私たちが考える未来のイヌの典型に非常によく似ている。写真撮影はセージ・マッデン)

第一段階：生き残らせるための人為選択

適応度が低い形質（選択しない）――グレーゾーン――最も適応的な形質（選択する）

第二段階　自然選択が引き継ぐ

適応度が低い形質――グレーゾーン――最も適応的な形質――グレーゾーン――適応度が低い形質

図 7.1　生存のための選択

では、私たちが考えるスーパードッグの表現型はどのようなものか。ここでは三章から六章で論じた内容に基づいて、理想のスーパードッグの姿を予測し、どのようなイヌを繁殖すべきかを考えたい。まずスーパードッグは早く走り、敏捷に跳ね、戦略的に狩りができなければならず、健康で賢く、精神的に強く、回復力に優れていないといけない。身体の大きさも極端な大型または小型は避け、繁殖するときは一三キログラムから二六キログラムほどの中型犬を目安とする。スーパードッグの毛色は周囲の環境になじみやすい色がよく、たぶんディンゴのように赤みがかった色か灰色っぽい色が一番だ。また、形態的、行動的特性は、イヌの愛好家やイメージ重視の飼い主たちの好みとはかなりかけ離れたものになるだろう。実際のところスーパードッグは、ペットとしては「魅力ゼロ」かもしれない。

しかし、このようにスーパードッグを予測するアプローチには、いくつか問題がある。まず、イヌたちを待ち受ける未来がどのような世界かわからないため、どのような形質が最も適応的かもわからない。また、すべてのイヌが同じ環境に暮らすわけではないから、適応戦略も一つに限ることはできない。暑くて乾燥し、植物も小型の獲物も少ない地域で暮らすイヌに役立つ形態的特徴と、山岳地や熱帯雨林で暮らすイヌに役立つ形態的特徴が完全に同じはずはないからだ。また、集団内に個体差があること自体が適応的なので、個々のイヌにとって有益と私たちが考える特定の特徴や、特徴の特定の組み合わせを選ぶと、かえってイヌという種全体にとっては不適応となる可能性もある。

また認知的特性の適応的価値も地域によって異なる。たとえばイヌが密集して暮らす地域のイヌは、イヌ同士の交流が少ない地域のイヌより細やかなコミュニケーションや社会的知性が必要だろう。だがたとえイヌ同士の交流が少ないイヌでも、ほかの動物と遭遇したときにはそのような能力を使う可能性はある。

もう一つ、進化とは悪魔的と言っていいほど複雑だという問題もある。適応的と思われる形質を選べば、遺伝子がきちんとその形質を提供してくれるなどという考えはまったく現実的ではない。二章でも述べたように、ある形質を選抜すれば、必ずしも予期していなかった変化をもたらすヒッチハイカー的な形質もついてくる。イヌの家畜化プロセスでは、人間は主に従順さと社交性、そして訓練のしやすさを選抜した。するとその従順さとともに、丸い大きな目や垂れた耳、ぶちの被毛など多くの形質も進化していったのだ。だからある種のスーパードッグの形質を私たちが選んだとしても、予測していなかった多くの遺伝的変化が起こる可能性がある。つまり、最終的にどんなイヌが出現するかは誰にもわからないということだ。

マルウェアを取り除く

スーパードッグを作るのではなく、イヌの遺伝子プールから「マルウェア」を取り除くという方法もある。実際、不適応な形質はどのような環境でもうまくいかないため、適応的な形質よりは不適能な形質のほうが見極めやすい。そのうえ、何が不適能な形質かはすでに明らかになっている。

犬種のなかにはその身体的奇形のせいで、人間がいなくなったら生存が極めて難しくなるものもある。その候補となる犬種はいくつかあり、たとえばブルドッグは、人間がいなくなれば、気候や生息環境に関係なくまず確実に絶滅するだろう。母犬の産道に対して子犬の頭が大きすぎるし、呼吸もうまくできないからだ。また、閉そく性気道疾患を発症する可能性が高いことも不利な要素の一つだ。

短頭種、特に頭蓋骨の長さに比べて鼻の長さが極端に短いパグやボクサーのような犬種も、生き残るうえでは分が悪い。とはいえ鼻の長さが平均より短いというだけなら問題なく生きていけるし、それは平均より鼻が長いイヌも同様だ。そのほか、流線型のボディラインや異常に長い被毛、ずんぐりと太い脚なども、人間が意図的にイヌの個体群に持ち込んだマルウェアだ。

また、身体の健康より見た目重視で長年行われてきた繁殖が間接的に引き起こした健康問題も減らしたい。この問題に関しては、犬種の「適合性」という概念を緩和あるいは排除して、イヌの遺伝子プールに多様性を持たせるのが最善の策だ。さらに近親交配の問題にも対処すれば、特定の犬種に頻発する健康問題、たとえばジャーマンシェパードの股関節形成不全や、グレートデンの胃捻転、シャーペイの皮膚病、ゴールデンレトリーバーの癌なども減らせるかもしれない。近親交配を減らし、「犬種」へのこだわりを捨てれば、精神錯乱を起こすイヌも減る可能性がある。そのようなイヌとして思い浮かぶのが、ほかの犬種よりも精神に異常をきたす可能性が高いラブラドゥードルだ。(ラブラドゥードルの生みの親、ウォーリー・コンロンは、この犬種の大半は「精神異常か遺伝的な問題を抱えている」と語り、この犬種を作ったことを後悔している[2])。

さらにもう一つ、現代と近未来のイヌのために私たちができることがある。それは外科手術による外見の改造をやめることだ。特に尾を切ったり、耳の軟骨を取り除いたりすることは絶対にやめるべきだ。このような外見の改造は、移行期のイヌにとっては大きなハンディキャップになる。なぜならイヌのコミュニケーション能力、特にイヌ同士のコミュニケーション能力が大きく損なわれるからだ。たとえば、イヌのそのときの気分を表す尾の位置は、敵意、服従、恐怖、遊びたいなど、さまざまな感情を伝えるシグナルだ。耳もまた、イヌのコミュニケーションにとっては重要で、耳を立てたり後ろに倒したりすることで意志や感情を表現している。けれど耳を切られたイヌは耳の筋肉組織の一部を失うため、ほかのイヌに自分の感情を伝えようとしてもその効果が薄れてしまう。尾と耳の位置のさまざまな組み合わせで表現される複合的なシグナルも、外科手術で外見を変えられたら、微妙な意味を伝えきれない可能性がある。

雑種をつくる

高度に管理された選抜育種を通じてイヌを未来に備えさせる第三の戦略は、雑種強勢――遺伝子が混ざることで生物学的適性が高まる――の原理に基づいて遺伝的多様性を最大化させるという戦略だ。この戦略では、できるかぎり多くの雑種犬を作り出すことを目指す。とはいっても単一の「普遍的な雑種」を作り出そうというのではない。単一の表現型プロフィールで必要条件すべてを満たすことはできないから、とにかく種々雑多な「普遍的な雑種」の集団を作り出す必要がある。

ここでもやはり徹底的な人為選択を行うことに変わりはないが、その選択の目的は個体それぞれにさまざまな遺伝子を持たせ、できるだけほかのイヌと違うイヌにすることにある。遺伝子を最大限に混ぜ合わせるために、交配の前にそれぞれのイヌの遺伝子を分析するという手もある。それをすれば、遺伝子的に異なるイヌ同士だけに限定して交配を行うことができる。たとえばアイリッシュセッターの遺伝子を持つオスには、アイリッシュセッターを祖先に持つメスとの性的な接触を禁じるといった具合だ。

血統台帳や血統証明書は廃棄してもかまわないが、ブリーダーが最大限の遺伝子多様性を実現するためのツールとして役立てることもできる。こうやって交配を繰り返すうち、やがて純血種の犬はいなくなり、現在の「犬種」という概念はすたれるだろう。アメリカの名門ドッグショー、ウエストミンスター・ドッグショーもなくなるはずだ。いや、もし存続したとしてもドッグショーの内容は様変わりし、隠した餌を探したり、危険を察知したり、イヌ同士のコミュニケーション能力や穴掘りスピードを競ったりする、マッドマックス・スタイルのサバイバルゲームになるだろう。

異系交配（一つの育種系統への遺伝子の導入）は、そのすべてで元気で健康な子孫が生まれるわけではなく、両親から引き継いだ形質が適合せず、適応度（繁殖の成功という点での適応度）が低下する場合もある。つまり、雑種づくりは特定の個体にとっては災難となるかもしれないが、イヌという種全体にとってはやはりプラスに働く可能性が高い。雑種づくりには遺伝子プールを多様化し、数百年来続いてきた過剰な近親交配の悪影響を改善する可能性があるのだ。

この人為選択の強化をさらに進め、イヌをオオカミと、あるいはコヨーテやジャッカル、ディンゴと意図的に交配し、雑種強勢をまったく別の次元に引き上げることもできる。イヌを飼育環境下にあるオオカミやコヨーテ、ジャッカル、ディンゴと掛け合わせる意図的な異種交配に対しては、イヌの福祉を懸念する声や科学界からの批判があるが、それでもすでにブリーダーたちによって実施されている[3]。だからこの雑種づくり戦略を進めるのなら、私たちはそういったブリーダーを批判するのではなく、世間の偏見をなくす努力をし、彼らの活動を積極的に後押ししなければならない。それだけでなく研究室でも雑種づくりを行い、人工授精技術を駆使してイヌと飼育環境下にあるコヨーテやオオカミ、ジャッカル、さらには動物園で飼育されているディンゴと交配させるのだ（注意：もちろん、この非倫理的な戦略を推奨しているわけではなく、ここではたんに思考実験の一環としてさまざまな可能性を検討しているだけだ）。

また、人間が直接介入しなくても起こる異系交配を奨励する（あるいは異系交配を阻止しない）という手段もある。フェンスを取り除き、ドッグドアを設置して、飼い犬たちが自由に近所を歩き回れるようにするのだ。けれどこれには大きなデメリットもある。人間の居住地域をイヌが自由に歩き回れば、イヌが交通事故にあったり、人間に危害を加えられたりする危険性も高まる。また、ほかの動物と争って怪我をし、命を落とすこともあるだろう。さらに、そこまでの自由を許せば、イヌは私たち人間と過ごすことをそれほど楽しまなくなり、餌や遊びを人間に依存しなくなるという心配もある。もしそうなればイヌは徐々に野犬化していき、私たちはイヌの飼い方や交流方法を考え直さなければいけなくなる。

ゼロ成長アプローチ

前の「スーパードッグをつくる」のパートでは、人間が進化に積極的に介入してイヌの繁殖の管理を強化し、人類が滅亡しても生き残れるスーパードッグの個体群を作るという案を検討した。次に紹介するアプローチもまた、イヌの繁殖を積極的に操作する点では同じだが、こちらは不確実で過酷な未来に直面することになるイヌの絶対数を減らすというアプローチだ。ここで目指すのは、誕生するイヌの数をゼロにしてゼロ成長を達成すること、そして最終的にはイヌの数自体をゼロにすることだ。

ゼロ成長を実現するにあたっては、現在および近未来の人間の飼い犬の入手手段を変えることが鍵になる。まずは商業目的および趣味としての繁殖を即座に停止する。そうやって世界のイヌの個体数を削減すれば、人々は今いるイヌを救おうと考えるようになるだろう。イヌの供給源がシェルターや動物愛護協会、イヌの救済機関だけになり、ブリーダーに生産されてペットショップやインターネット上で売られる「新しい」イヌへの需要がなくなれば、イヌのサプライチェーンも姿を消すだろう。こうして新たな繁殖が起こらなくなれば、飼い犬の数はおよそ一五年のうちに減少していくはずだ。

イヌに不妊去勢手術を施す運動はすでにいくつかの国で一般的となっており、一見するとこれこそが（人間に）望まれない繁殖を防ぐ最も効果的な方法に思える。しかし不妊去勢手術の普及が、イヌの過剰な繁殖を抑制するというエビデンスはない。むしろ不妊去勢手術を行わないよう強く奨励し、場合によっては不妊去勢手術を医療的な必要がない限り違法としている国々のほうが、イヌの数は控えめで非常によく管理されており、飼い主のいないイヌや捨て犬の割合もずっと低い。一方、アメリカでは一九七〇年代より獣医やイヌの保護団体が不妊去勢手術を積極的に進めてきたが、イヌの過剰繁殖はいまだに厄介な問題であり続け、毎年たくさんのイヌが「飼い主がいない」という理由で殺処分されている。しかしアメリカのこの問題は、去勢されていないイヌの数が多すぎ、そのイヌたちが勝手に子を作っているから起こっているわけではない。問題の原因は私たち人間、すなわち子犬を売って金儲けをしようとするブリーダーが多すぎることにある。実際のところ、少なくともアメリカで生まれる子犬の三分の二は「想定外」に生まれたわけではなく、人間が意図的に繁殖させたものだ(4)。意図的に繁殖された子犬――母犬がひどく苦しむ方法で生ませているケースも多い――がいる一方、シェルターでは健康なイヌが衰えていくというのはどう考えても間尺に合わない。

飼い犬の個体数動態の変化が、自由に歩き回るイヌや野犬の個体数動態に与える影響は、はっきりとはわからない。しかしペット飼育や飼い犬の数が減れば、世界全体のイヌの減少にはつながるだろう。また、飼い主のいないイヌの繁殖に介入するなら、「捕獲し、不妊去勢手術を施し、元の場所に戻す」という地道な運動を展開するか、餌に仕込む避妊薬を開発する必要がある。

ゼロ成長アプローチは、イヌたちの未来は「死につながる可能性が高い悲惨なもの」であることが前提であり、将来彼らを苦しませないためにも、この世に新たなイヌを送り出さないという考え方だ。だから私たちは、今いるイヌに最大限のケアと配慮をし、絆で結ばれた人間とイヌが共に暮らす最後の何年かを大いに楽しもうというわけだ。この戦略が最も重視しているのは、個々のイヌの苦しみを防ぐということだ。

何もしない

イヌを家畜化する過程で、人間はイヌの生活史特性を操作し、利用してきた。犬のどの特性を残して永続させるかを決め、人間が選択した生活史戦略をイヌに押し付けてきたのだ。たとえば自然選択なら、自然分娩ができないイヌや走ると呼吸できないイヌが生まれることはないはずだ。これまで私たちは、イヌを人類滅亡後の未来に備えさせるには、人為選択を強化し、選択基準を人間の美的嗜好からイヌの生存重視へシフトするべきだと述べてきた。つまり人間が船の舵をしっかりと握って、航路を変えていくという考え方だ。しかしこのアプローチは、私たち人間には優れた先見性と理解力があり、人類がいない未来でもイヌが生きていけるように彼らを進化させることができる、という大前提のもとに成り立っている。しかし人間はそれほど立派ではないかもしれない。むしろすべてをお見通しなのは「自然」のほうで、私たちは「自然」に舵の操作を委ねるべきなのかもしれない。人間は手出しをせず、自然選択にすべてを委ねるという手もあるのだ。イヌの不妊去勢手術をやめ、乱交防止活動をやめ、イヌのパートナー探しをやめて、できる限りの移動の自由をイヌたちに与え、イヌ同士が交流できるようする。もしそうなったとしても人間とイヌは良き伴侶として一緒に暮らすことができるが、やがてイヌは今ほど従順でも穏やかでもなくなり、ペットでいることにもそれほど興味を示さなくなるかもしれない。そして自由に歩き回るイヌは増えていき、やがては野犬になっていく。イヌの家畜化という巨大なクルーズ船は二万数千年にわたって蓄積してきた推進力の惰性でなおもゆっくり前進するが、そのうち船は徐々に新たな航路を進み始めるのだ。

このように、人類滅亡後もイヌが生き残っていけるようにするための戦略はいくつかある。適応的な形質を選抜するために厳密な人為選択を行う、繁殖を阻止して未来のイヌの数を削減する、自然選択にすべてを委ねて一刻も早く再野生化を進めるなどだ。しかしこれらの戦略のどれがベストかを答えるのは難しく、私たちとしてはこれらの戦略を組み合わせるのが最善のアプローチだと考えている。基本的には介入をせず、少しばかりの人為選択とマルウェア排除、そして雑種強勢を行うという戦略だ。どうやらこのアプローチが、イヌたちの生き残りの可能性を最も高めるように思える。

ここまで私たちはイヌを将来に備えさせる手段や、人間とイヌが関わる方法をどのように形成していくかについて述べてきたが、人類滅亡後の未来に対応するもう一つの戦略、それも考えるだけでも恐ろしいある戦略について最後に簡単に触れておきたい。それは、「思いやりによって」行われる大規模なイヌの殺処分だ。

予防的殺処分

気候変動による大災害やパンデミックの脅威が現実となりつつある今日、将来への不安に夜も眠れないという人は多いだろう。本書が完成にさしかかっている現在、COVID-19のパンデミックは人々の生活に大きな影を落とし、その影響は世界中のイヌにも少なからず及んでいる。[5] このような試練の時期、イヌと暮らす人たちは当然ながら自分の愛犬のことを心配する。そして、考えるだけでも身の毛がよだつある疑問が脳裏をよぎる。もし私たち人間が滅亡するなら、その前にイヌたちを「予防的殺処分」に付すのが倫理的な道ではないのか、という疑問だ。[6] もし核爆弾が落とされるとわかっていたら、そして痛みや恐怖なしにイヌの命を奪う手段があるとしたら、爆弾が落下してくる前にその命を奪い、愛するペットが苦しまないようにしてやりたい、と考えることはないだろうか。

じつは、迫りくる惨事に極端な反応を示した例は過去にもある。ヒルダ・キーンが著書『イヌとネコの大虐殺：第二次世界大戦下での知られざる悲劇（*The Great Dog and Cat Massacre: The Real Story of World War Two's Unknown Tragedy*）』で紹介しているように、第二次世界大戦中、敵による爆撃が避けられないと考えたイギリス政府はその事前準備として、ペットのイヌやネコを「処分場」に連れてくるよう国民に呼びかけ、何十万ものペットが事前に安楽死させられた。この措置は、ペットを爆撃の恐怖や飼い主を失う悲劇から守るための思いやりから出た行為だった。[7]

しかし予防的殺処分はとんでもない間違いだ、というのが私たちの結論だ。人間は未来を見通すことはできない。たとえそれが大規模で差し迫った脅威で、人間だけでなくほかの生物にも降りかかる壊滅的な大惨事だとしても、その発生を確実に予測することなどできないからだ。だから、個々のイヌには生き残るチャンスを与えなければならない。人間がいない世界でのイヌの幸せ――ペット犬の幸せも含む――について、私たちはもっと広い視野で考える必要があるのだ。

本書では、多くのイヌは人間がいなくても生きていける、それもかなりうまく生きていけると述べ、イヌは人間がいないとやっていけない――そして彼らには「所有」する人や家族がいなければならない――という思い込みに疑問を呈してきた。家庭でペットとして飼われ、飼い主を愛し、強い絆を結んでいるイヌでさえ、自活して生き抜き、繁栄していく可能性は大いにあるし、野犬や自由に歩き回るイヌはすでに、部分的あるいは完全に自立している。それもなんとか生きているどころか繁栄しているものも多いのだ。この事実は、イヌは人間なしには生きられないという思い込みを、はっきりと否定している。

もし滅亡の日が訪れなかったら

では、人類滅亡後の未来に向けた備えをイヌにさせたにもかかわらず、滅亡の予測がはずれたらどうなるだろう。人類滅亡の日は訪れず、人間が地球上に存在し続けていたとしたらどうなるのか。これまで検討してきた数々の準備対策の多くには道徳的な問題があったが、それでも人類滅亡の日に向けた準備と人間がいる世界でイヌに最善の生活をさせるための努力は、いくつか重要な点で一致している。したがって考えられるさまざまな準備――特に、倫理的に最も問題があると思われる準備――についてよく考えれば、現在のイヌと人間の関係における問題点や可能性を明らかにできるはずだ。

人間のいない未来と人間がいる未来で、イヌに恩恵をもたらす身体的特徴は同じだろうか。答えは概ねイエスだ。将来、何が起ころうと、私たちはイヌが元気で健やかに暮らせるように最大限の努力をしなければならない。全体的に見れば、生存に有利な形質を選抜する繁殖は、身体的にも精神的にも健やかで、さまざまな生活環境に適応できる行動的多様性を持ったイヌの集団を作り出す。またそのような繁殖は、イヌを血統証付きのお飾りにし、本来のイヌとは違う身体つきにするために何十年ものあいだ行われてきた選抜育種のダメージを回復するのにも大いに役立つはずだ。だからもし私たちがイヌの繁殖をコントロールするなら、重視すべきは個々のイヌの身体的健康であり、外見ではない。私たちがすべきは、近親交配を減らし、イヌの生活の質の低下や寿命の短縮につながる形質をなくし、遺伝子プールの多様性を増やし、血統証や犬種へのこだわりをやめることだ。

未来に向けたイヌの準備と、現在のイヌに最高の生活を与えるための取り組みには、共通点がもう一つある。それは、イヌの身体と生態系を適合させることだ。私たちはイヌを手に入れるとき、そのイヌが生息環境に適しているかをほとんど考えない。イヌを室内で飼い、イヌ用のジャケットを着せてブーツを履かせれば、環境とのミスマッチも「乗り越え」られると思っているからだ。しかしどんなに人間が頑張っても、やはりイヌと生息環境にミスマッチがあれば、生活の質は落ちる。もちろんハスキー犬がカリフォルニア州パーム・スプリングスで幸せに暮らすのは無理だと言っているわけではなく、実際、幸せに暮らすことはできる。けれど気温が三八度近くになればやはりつらいし、散歩に出るタイミングや屋外で過ごす時間、さらにはほかのイヌと遊ぶことも制限されるため、生活の質も落ちる。なぜ私たちは、イヌのニーズと彼らが住む場所の環境を合わせようとしないのか。このほかにもペット犬のニーズと、人間の生活を適合させる方法はたくさんある。たとえば活動的なイヌは活動的な人間が飼うようにする、といった試みもその一つだ。

人類滅亡後の世界で生きていけるよう準備を整えたイヌは、必ずしも現在の基準でいう理想的なコンパニオン・ドッグ（人間の伴侶としてのイヌ）ではないかもしれない。しかし変わるべきはイヌではなく、彼らに対する私たちの認識や評価のほうだ。屋内でイヌを飼う多くの人は、イヌがイヌならではの行動をすると驚くし、怒りを覚えることさえある。人間は、毛のないイヌや吠えないイヌ、あるいは足を汚したり、新しいフローリングに傷をつけたりしないイヌが好きなのだ。イヌという種に特有の行動の多くは、飼い主からも獣医からも「いたずら」と呼ばれるが、人類滅亡後のイヌは一にも二にもイヌであることが求められる。吠える、穴を掘る、お尻を嗅ぐ、リスを追い回す、死骸を転がす、速く走る、イヌ同士で遊ぶなど、彼らが進化させてきたイヌならではの行動をしなければ、生き延びていけないのだ。だから私たちはイヌたちに、このような行動を許可したほうがよい。いや、むしろこのような行動を奨励すべきなのだ。

そしてここで最後の疑問が浮上する。次の章で取り上げていくその疑問とは、現在の私たちは、人間と一緒に暮らすイヌたちに過剰な我慢を強いていないかというものだ。もっと簡単に言えば、私たちがいなくなったとき、イヌにはデメリットよりメリットのほうが大きいのではないかという疑問だ。

8章　イヌは人間がいないほうが幸せなのか

イヌは私たち人間がいないほうが幸せに生きられるのではないか。もしあなたがペットのイヌを愛し、人間とイヌの永続的な絆を大切に思っているなら、これは答えるのが難しい質問かもしれない。特に今、あなたの愛犬が、この本を読むあなたの隣で丸くなっていたり、ドッグベッドでおもちゃに仕込んだピーナッツバターを嬉しそうになめたりしていたら、こんなことは考えるのも嫌だろう。もし私がいなくなり、身を守る術もない臆病なうちの子が、これまで経験したこともない恐ろしい現実に放り出されたら、いったいどうやって生きていくのだろう、と暗澹とした思いに襲われるはずだ。それでもちょっと考えてみてほしい。人間がいなくなった場合、あなたのイヌは失うものもあるだろうが、得るものもあるはずだ、ということを。そしてあなたのイヌだけでなく、今、この地球を人間と分け合っているほかのイヌたちのことも考えてみてほしい。もしこの地球が丸ごとイヌたちだけのものになったとき、彼らは何を失い、何を得るのだろうか。また、移行期後の世界を生きるイヌのこと、人間との暮らしをまったく知らないイヌのことも想像してほしい。二万年に及ぶ家畜化実験――これはこれで問題があった――が終われば、イヌという種は人間と共有する必要のないこの地球で、今より良い生活が送れるかもしれない。

人類絶滅後の世界でイヌが自力で生きていくのは、決して楽ではないだろう。しかしそこは「イヌの可能性」に満ちた世界であり、彼らはさまざまな方法で適応し、革新し、経験を広げていくことができる。ペットとして飼われ、ボールを追いかけたり、郵便配達人に吠えたり、飼い主が仕事から帰ってくるまでぼんやり一日を過ごすよりも、そちらのほうがずっと充実しているはずだ。「イヌだけの世界」は活気に満ちた世界だ。イヌは単独で、あるいはほかのイヌと協力して生きるための問題を解決し、命という報酬を受け取るのだ。したがって人間が消えたことで彼らが享受するメリットとデメリットをリストにすれば、人間の現在の行動の何がイヌを苦しめているのかが見えてくる。またペットのイヌと暮らす人たちは、自分が無意識のうちに愛犬に求めていることの多くが、彼らの「イヌらしさ」を奪い、その真の姿や将来の可能性を制限してしまっていると気づくはずだ。イヌが持つ大きな可能性に気が付けば、私たちはイヌにとってこれまで以上に良い伴侶になれるかもしれない。

では、飼い主とソファでくつろいでいるイヌは、私たち人間のいない世界を夢想することがあるのだろうか。そこで私たちは、世界から人間がいなくなったとき、イヌは何を得て、何を失うのかを考えてみた。ご想像のとおり「イヌは人間がいないほうが幸せか」という問いには簡単な「イエス」も「ノー」もない。そしてこの問題を考えれば考えるほど、答えはもっとわからなくなっていく。

何を得て、何を失うかを決めるのは

人類が絶滅したときイヌが得るものと失うもの、すなわちイヌにとってのメリットとデメリットを列記した包括的なリストを作成したので（表8．1、表8．2を参照）、それについて解説していくが、その前にイヌにとってのメリットとは何を指し、デメリットとは何を指すのか、その判断の複雑さについて説明したい。

イヌという種にとってのメリット、デメリットと、個々のイヌにとってのメリット、デメリットは別物だ。人間が突然いなくなれば、個体レベルの喪失は広範囲に及ぶ。多くのイヌは自力で生き延びるための準備ができておらず、自分で餌を調達する、住む場所を探す、ペアの絆を作るといった経験がないからだ。また人間の消え方によっては、飼育環境下にある個々のイヌ――室内に閉じ込められていたり、保護施設や実験室のケージに入っていたりするイヌ――はそのまま死んでしまうし、イヌの密度が高い地域では、わずかな食料資源を巡って熾烈な競争が巻き起こる可能性もある。さらに移行期のイヌの多くは、すでに不妊去勢手術がされているので繁殖が不可能だ。したがってたとえその個体が何とか生き延びても、彼らの遺伝子はそこで終わってしまう。それでも十分な数のイヌがこの第一波を乗り越え、生存可能な個体群が生息可能な生態系に定着する可能性はある。イヌという種が、環境を生き抜いて繁栄する可能性も十分あるのだ。

移行期のイヌにとってのメリット、デメリットは個体によって異なるため、この前代未聞の旅をイヌがどこで始めるかで、シナリオは大きく変わる。人類の滅亡時、移行期のイヌそれぞれがどこでどのように暮らしていたのかにより、彼らが直面する問題も、彼らにとってのメリット、デメリットも大きく変わるのだ。また、環境の変化にどの程度うまく対応できるかは、それぞれのイヌの性格やそれまでの経験、学習能力、社会的・感情的知性、そして身体的特徴によって変わってくる。

現在のイヌと人間の関係はまさにさまざまで、いなくなった人間を恋しがるイヌもいれば、いなくな

	身体的	社会的	心理的
メリット	移動の自由 首輪、リード、フェンス、檻など、人間による拘束がない 繁殖施設、研究所、犬肉養殖場などでの集中的な飼育がない 実験がない 強制的な繁殖がない 虐待、性的搾取、闘犬がない 健康なイヌの殺処分がない 不適応な形質（短頭蓋）の人為選択がない 肥満度の低下 栄養状態が良くなる可能性 知覚経験の幅が広がる（嗅覚をもっと発揮できるなど） 自然なレベルのホルモン水準と発達度 身体活動のエネルギー配分を人間ではなくイヌ自身が決定 去勢がなくなる（ホルモン、特定の疾病への感受性、成長板／発達などへの影響がなくなる） 断尾や声帯切除、断耳などの外科的切断がなくなる 保護施設も保護施設関連の死もなくなる 犬種特有の遺伝子異常が減少	行動や選択の自由 友だちを選ぶ自由 交尾相手と交尾のタイミングを選ぶ自由 子育て行動をする自由 同腹仔やきょうだいと関わる自由 孤立や休憩をする自由 集団を形成し、群れ／集団行動をとる自由	飼育下に置かれたことによる心理的後遺症がない 人間による懲罰、暴力、監禁の恐怖やストレスがない 予測不可能なことや矛盾による人為的な恐怖やストレスがない 人間に起因するトラウマがない イヌやそのほかの動物と交友関係を持つ可能性 人間に起因する学習性無力感がない より多くの感覚刺激を得られる 感覚はく奪からの解放 人間環境における感覚過負荷からの解放 充実感が向上（生きるための活動など） 主体性 選択権 不安や抑うつが減少 退屈する可能性が低下

表 8.1　私たちがいなくなったとき……イヌにとってのメリット、デメリット

	身体的	社会的	心理的
デメリット	獣医医療が受けられない 疼痛管理（薬、マッサージ、針、緩和ケア、鎮痛剤など）がない 病気への曝露の可能性 物理的な快適さの喪失 定期的な餌がない 栄養不良の可能性 捕食される可能性の増大 風雨にさらされる可能性の増大 人間が提供する安全圏がない 人為的な食料資源がない 人間による寄生虫防除がない 人間が提供する衛生がない 不妊去勢手術がもたらす健康効果の喪失 苦痛を緩和するための安楽死がない	人間との社会的な交流の喪失 人間による社会的交流のおぜん立てがない 友だちと遊ぶために用意された「自由時間」が減少 人間が喧嘩の仲裁に入ってくれない	捕食される恐怖が増大 生態学的予測不能性の恐怖が増大 抗不安薬など、心の健康のための治療を受けられない

表 8.1 （続き）

ってせいせいしたと思うイヌもいるだろう。したがって人間がいなくなった場合、知識や意欲があり、共感力も高い飼い主に飼われていたイヌは、研究室や劣悪なブリーディング施設のケージで飼われていたイヌより失うものは多い。一方、野犬は、人間が捨てる膨大な量のゴミがなくなるのは困るが、人間との交流がなくなって寂しいと嘆くことはない。このように人間がいなくなった場合、飼い犬、自由に歩き回るイヌ、野犬が直面する問題はそれぞれ異なるが、いずれにせよ突然、人間が消滅して人為選択が自然選択へと切り替われば、地球上の多くのイヌにとってはかなり悲惨なことになる。

　人類が滅亡したら、地球上のイヌの数は今より格段に少なくなるだろう。

	オス	メス
メリット	交尾の機会が増える 生殖器の保持 通常レベルのテストステロン 父親になる機会 性的快感 交尾相手を選ぶ自由	繁殖の自由／管理 卵巣の保持 通常レベルのエストロゲンとプロゲステロン 母親になる機会 母親として一貫して子育てができる 性的快感 交尾相手を選ぶ自由
デメリット	交尾の権利を巡る競争 交尾の中断（授精前にほかのイヌに割って入られる）	難産時に獣医医療を受けられない

表 8.2　メリットとデメリットにジェンダーの差はあるか？

だが、全体数が減ったことを必ずしも「喪失」と捉えるべきではない。なぜなら現在、イヌの数はほぼ間違いなく多すぎるからだ。人間による集中的な繁殖と不注意なペット飼育のせいで、イヌの個体数は膨れ上がっている。存続可能性はイヌが生息する地域の環境収容能力――所定の環境内で維持できる種の最大数――によって決まるので、イヌの個体数、特にイヌが密集している地域の個体数はもっと少なくなければいけないのだ。

人類滅亡後、イヌは短期的または長期的な集団を形成する可能性もある。しかし人類がいなくなったことで集団にもたらされたメリットが、必ずしも集団内の個々のイヌにとってもメリットになるとは限らない。それがメリットになるかどうかは、集団内のメンバーの顔ぶれや、集団が直面する生態学的条件に大きく左右されるからだ。これまでも述べてきたように、動物の集団はさまざまな行動表現型が集まっている集団が最も強い。また個体間には上下関係があるほうが集団にとってはプラスだが、下位の個体は生きていくのが大変だろう。

もし人類が滅亡したら、イヌはその直後から、身体的拘束からの解放や人間による食料補助の喪失といったメリット、デメリットを体感する。しかし人類がいなくなった影響は、その後も何世代にもわたって変化しながら続いていく。

メリットとデメリット

私たちが考えるメリットとデメリットは、身体的、社会的、心理的の三分野に分けられる。そしてここでも、生活史特性のときと同様、メリットとデメリットのあいだにはトレードオフが存在する。このリストを見て、追加事項を思いつく人も、別の方法で分類したほうがいいと考える人もいるだろう。また「メリット」、「デメリット」の欄に記入された内容に納得がいかない人もいると思う。だがこれは、人類滅亡後のイヌについて、さらには現在のイヌと彼らを世話する人々との関係について語る良いきっかけになるはずだ。

そこでまずはメリットとデメリットの表からいくつか例をとり、これが非常に複雑であり、ときに最初の印象とは正反対の場合もあることを少し詳しく説明したい。ここではリストにあるメリット、デメリットすべての説明は行わない。説明するまでもなく明白なものもあれば、あえて言うまでもないものもあるからだ。

身体的なメリットとデメリット

人類が滅亡すれば、イヌは人間の友として享受していた恩恵のなかでも特に中心的なもの、すなわち栄養満点の餌や清潔な水、ふかふかの寝床、風雨をしのぐ住みかを失う。また、ワクチン接種、病気や痛みの管理、傷の治療、抗生物質、被毛の手入れ、寄生虫防除など、さまざまな獣医医療も受けられなくなる。

しかしこのようなデメリットはいくつかの大きなメリットによって相殺される。四章でも指摘したように、イヌが死ぬ一番の原因は人間だ。狂犬病が深刻な問題となっている地域ではイヌを殺処分しているし、交通事故でイヌが死ぬことも多い。さらに人間の家に住んでいないイヌを「ホームレス」とみなし、「飼い主」のいないイヌに対して「思いやり」による殺処分を行っている地域もある。

したがって人類が滅亡すれば、イヌが人間の残酷さや搾取の犠牲にされることはなくなる。実験対象にされて苦しむことも、メスが繁殖マシンにされることもなくなるのだ。人間からの性的虐待からも、闘犬やドッグレースなどのスポーツからも解放され、人間から極端な身体的虐待を受けることも、食肉用に飼育、販売されることもなくなる。実際のところ、イヌに対する人間の残虐行為は決して珍しいものではなく、毎日、何百万ものイヌがその被害にあっている。

人間が行うあからさまな残虐行為をさらにしのぐのが、飼い犬が日々味わっている「退屈」という苦しみだ。飼い犬には、イヌという種にとってあたりまえの行動をする機会がほとんどなく、彼らは慢性的に低レベルのストレスにさらされている。イヌを飼っているアメリカ人の八〇パーセントが自分のイヌには「行動上の問題」があると報告しているが、その「問題」行動の少なくとも半分は、穴を掘る、注意を引こうとする、庭から逃げる、餌を盗む、吠える、リードを引っ張るなど、イヌとしてはごくあたりまえの行動だ。彼らはイヌらしくふるまうことが許されず、そのせいで罰されることも多い。その結果、何百万匹ものイヌが不安や抑うつなど心理的な問題で苦しんでいる。

人間がいなくなれば、イヌは本来のイヌとは違う姿を強制されることも、毛皮を着た人間のようにふるまうよう期待されることもなくなる。また、リードや檻、フェンス、しつけ用首輪など、人間が課す多くの日常的な拘束からも解放され、生活における時間配分や活動もイヌ自身で決めることができる。イヌらしい自然な行動を思う存分にできる、すなわち人間でいうところの「自己決定」ができるようになるのだ。

このような身体的メリットとデメリットの多くは、社会的および心理的なメリット、デメリットと相互に関連している。たとえば風雨をしのぐ住まいの喪失は恐怖や不安の増加に結び付くし、身体的領域で自己決定権を持てば心理的領域にもメリットをもたらす。意思決定権を持つことは、満足感や自信、幸福感につながるからだ。

社会的なメリットとデメリット

「社会的」側面では、人間がいなくなるメリットのほうがデメリットよりずっと大きい。人間がいなくなれば、イヌたちは簡単にほかのイヌと交流できるようになるからだ。イヌ同士の交流は、ほとんどの飼い犬ができないし、自由に歩き回るイヌでさえ制約がある。だが人間がいなくなれば、彼らは友だちを作ることも、協力関係を結ぶことも自由にできる。コミュニケーションや社会的行動のレパートリーをフルに活用できるようになるのだ。そして移行期以降は、すべてのイヌが繁殖能力を維持するようになるため、さまざまな性的行動や子育て行動ができるようになる。人間はこれまで特定の行動的表現型――大胆、フレンドリー、外向的など――を選抜してきたが、人間がいなくなれば、幅広い行動パターンが発現することになる。

とはいえ、人類滅亡後の世界が大きなドッグランのように楽しいばかりの場所になるわけではない。イヌたちは社会的交流を持つようになるが、すべてが友好的な交流ばかりではない。ほかの動物との敵対的な遭遇も社会的自由の一部であり、そのような衝突は負傷を招くこともあり、ときには死につながることさえある。一見、たいしたことがない怪我でも繁殖機能を失うことだってあるのだ。もはや喧嘩の仲裁をしてくれる人間も、ほかのイヌや動物との交流を仲介してくれる人間もおらず、社交性に乏しく自力で生き延びるのが難しいイヌに救いの手を差し伸べてくれる人間もいない。しかしイヌの父、母、きょうだいによって社会化されたイヌのほうが、善意にあふれてはいてもイヌがわかっていない人間の「両親」に育てられたイヌよりは、イヌ同士の交流の下準備ができているだろう。したがって全体としては人間がいなくなるメリットのほうが大きいと思われる。

イヌにとって最大の社会的喪失は、人間との共進化の過程で生まれた人間との絆だ。家畜化のプロセスはさまざまな形でイヌの社会的行動を形成してきた。たとえばオキシトシン・フィードバックループ（オキシトシンの分泌が行動を刺激し、それがさらなるオキシトシンの分泌につながるという正のフィードバックループで、これのおかげで誰もが愛を感じることができる）や視線共有、視線追従など人間が主導するイヌの行動や、表情など人間の感情的シグナルへの同調がその例だ。このようにイヌは、人間に合わせて多くの進化をしてきた。彼らはこの進化をイヌ同士の関係に活かすことはできないのだろうか。

心理的なメリットとデメリット

今や人間は世界中の多くのイヌ、いやおそらくほとんどのイヌの心理状態に、良くも悪くも強い影響を及ぼしている。たとえば飼い犬の場合、私たち人間は捕食者に対する恐怖や、予測不能な食餌・環境から生じるストレスなど、自力で生きるイヌが経験するストレスや恐怖から彼らを守っている。また、信頼できる伴侶がいるという快適さを彼らに与えていることも多い。しかし同時に人間は、イヌに恐怖を与えることもある。野犬や自由に歩き回るイヌは捕獲され、殺されることも多く、劣悪なブリーディング施設や研究所、闘犬場などで飼育されているイヌは、多大な心理的苦痛を味わわされている。家庭で飼われているイヌでさえ、さまざまな心理的負担を課されているのだ。彼らは人間の気まぐれな帰宅時間や外出に振り回され、芸をして見せろとプレッシャーをかけられ、さらには行動を誤解されることも多い。そのうえ頻繁にわけのわからないお仕置きをされ、不健康な感情的共依存の対象にされることもある。(1)

また、飼い犬と人間の関係ではあたりまえすぎて、実際にはそれが残酷な仕打ちであることに私たちが気づいていないこともある。その一つが、母犬から子犬を早い時期に引き離して、引き取るという習慣だ。「イヌを手に入れる」ことは、私たちにすれば喜びに満ちた幸せな出来事だ。クンクン鳴きながら甘い息をするふわふわのボールのような頼りない生き物を家に連れ帰り、新参の親友との絆づくりを始めるのはなんともうれしいものだ。世話をしてやりたいという私たちの本能はかき立てられ、愛情がふつふつと湧き上がってくる。けれどイヌの側、すなわち子犬や母犬の側から見れば、これは決してバラ色の経験というわけではない。子育てや愛着といったイヌ科動物の自然な行動を、私たちは破壊しているのだ。デイヴィッド・ブルックスは著書『草の図書館：エッセー（*The Grass Library: Essays*）』で「私たちは、自分の無二の親友であるはずの動物たちに多くの傷を負わせている。乳離れもしないうちに母親から引き離すという行為は、そのほんの始まりに過ぎない」と記している。(2)

ディストピア、ユートピア、ドッグトピア

どうやらイヌは私たちがいないほうがうまくやっていけそうだ。メリットのほうがデメリットよりずっと多いのがその証拠だろう。そのうえ、ジェシカのエッセーについてある読者がコメントしたように、デメリットの欄に記されたもののほとんどは代替えが可能だ。たとえば栄養のある餌や水、風雨をしのぐ住まいは自然のなかでも見つけられるし、友だちは群れのなかで見つけられる。イヌ用のオモチャも、一日中、家の中で過ごさずにすむなら、そんなものは初めから必要ない。(3)

それでも「人間がいなくなったほうが、すべてのイヌはうまくやっていける」と一概に言うことはできない。これはメリットとデメリットのどちらが多いかだけで語れる問題ではないからだ。メリットが多いイヌもいれば、デメリットが多いイヌもいる。また、メリット、デメリットのなかでも、それぞれの重みは違うし、個々のイヌが経験するメリット、デメリットもそれぞれ異なる。あるイヌにとってはとてつもないデメリットも、別のイヌにとっては大したことではないという場合もある。また、トレー

ドオフの関係もあるだろう。たとえば獣医医療を受けられないというデメリットも、交尾の相手を選ぶ自由や外科的処置からの解放、友達をつくる機会の拡大で相殺される。たとえ人間に餌をもらえなくても、その代わりに、いつ、どこで、何を食べるかを選ぶ自由というメリットがある。

ただ生き延びることと、生の喜びを満喫して繁栄することは同じではない。イヌは自力でもなんとか生き残れるだろうが（少なくとも一部は生き残れるだろう）、種として繁栄できるだけの力が彼らにあるだろうか。まず必要なのは身体的ニーズを満たすこと、すなわち十分な食料、捕食者や風雨から身を守る住まい、そして繁殖するためのエネルギーと繁殖の機会を確保することだ。空腹を満たせなければ誰かの餌食になるだけで、食べられてしまえばそこで一巻の終わりだ。また、生きるだけで精一杯となった場合、それをまっとうな生と言えるだろうか。

身体的、社会的、心理的なニーズはそれぞれ複雑に絡み合っており、別個のものとして分けて考えることはできない。たとえば身体的な移動の自由は、自主性――選択し、自律的に行動する自由――の向上や、幸福、満足度の拡大という心理的なメリットとつながっている。[4] 結局のところ、人類滅亡後の未来がイヌにとって耐えうる場所になるには、そこに喜びや安らぎ、感動を感じられる社会的、心理的要素も不可欠なのだ。

この議論は私たちが最初に本書を書こうと考えたきっかけの一つにもつながっている。それは「イヌにとって〈最高の生活〉とは何だろうか」という疑問だ。現在であれ、未来であれ、イヌにとって最悪の生活を思い浮かべるのは比較的簡単だ。むしろイヌが幸せに暮らすのに必要な条件すべて、もしくはほぼすべてがそろった世界を想像するほうがずっと難しい。イヌのユートピア、いわばドッグトピアとはどんな世界だろうか。その世界に人間はいるのだろうか。イヌという生き物は、副操縦席に座っている人間をつねに横目で見ながら、空を飛ぶのだろうか。それともイヌだけでも、幸せに飛べるのだろうか。人類滅亡後のイヌにとって、空は無限の可能性を秘めている。

9章　イヌの未来と、未来のイヌ

さて、私たちが本書を書く動機となった「人間のいない世界でもイヌは生き残れるのか」という疑問に立ち戻ると、その答えは無数にある。とりあえず移行期間は大変だろう。人間からのサポート、特に食料補助がなくなるうえ、ほかのイヌや動物とも遭遇するため、生きていくのはなかなか大変だ。この新たな環境を生きていくには行動的、神経的、解剖学的、形態学的適応が必要だが、それだけでなく、かなりの幸運も不可欠だ。極端な短頭蓋など、不適応な形態学的、行動学的形質は、自然選択によってすぐに一掃されてしまうだろう。また、自活の経験がないイヌは新たな環境に速やかに適応しなければならないが、うまく対応できるイヌもいれば、そうでないイヌもいるはずだ。さらに、イヌの地理的分布は縮小し、個体群は人間の手助けがなくても生きられる生態系や気候の地域に集中していくと思われる。しかし全体的に見れば、多くのイヌは生き残り、繁栄するだろう。

本書では、人類滅亡後のイヌがどう進化していくかについて、さまざまなアイデアを提示してきたが、そこで繰り返し登場したのが、イヌの脳内にいまだに潜む古代の衝動と記憶を理解、評価することの重要性だ。それは、今もなお彼らの行動や感情に影響を与え、人間がいなくなったときの生き方にも影響を及ぼす、消すことのできない記憶だ。だがそれでも、人為選択が突然なくなり、自然選択がそれに取って代わったときイヌがどのような姿になるのか、その解明にはまだ時間がかかるだろう。そこに明快な答えはない。しかしだからこそ、これは想像に基づく生物学の思考実験にはぴったりのテーマなのだ。

想像の力

私たち人間がいなくなった世界を想像するというこの試みは、現在イヌを研究している専門家たちに多くのことを教えてくれる。たしかにイヌは身の回りにいくらでもいるありふれた動物だ。だがそれでもまだ、彼らについて学ぶべきことは山ほどある。巷には、イヌは地球上で最も野生から遠い動物であり、研究する価値があるのは「野生」の動物だけという考え方もあるが、私たちは本書でそのような考えを一掃できたと思う。オオカミやコヨーテといったイヌ科動物同様、イヌも野生動物だ。そしてその生態も行動も、ほかの野生動物と同じくらい興味深い。だからあの名著『世界のイヌ科動物』でも、イヌはもっと正当に扱われるべきであり、わずか一段落の説明で片付けられてはいけないのだ。

とはいっても、イヌという動物の研究が一筋縄ではいかないことは強調しておきたい。まずイヌは、多様な環境に生息しているため、地球上に約一〇億匹のイヌがいれば、イヌの生活様式も約一〇億通り存在する。また、イヌは生き残るために多くの戦略を使ううえ、人為選択と自然選択の両方の対象となってきたため、その進化の糸は複雑に絡み合っている。だから、イヌの研究は難しいのだ。けれど科学者たちはこれまで、南極大陸のアデリーペンギンの研究も、モンタナ州の雪深い秘境に住むクズリや地上一〇〇メートルの崖に巣をつくる鳥、深海の底に住む蠕虫の研究も行ってきた。このような珍しい種を研究する革新性があれば、イヌを研究する創造的な方法も必ず見つけられるはずだ。

では、どのような研究をすべきなのか。最も重要な研究をいくつか挙げるとすれば、生活史特性とそのトレードオフの研究や、多様な生態系と生息環境におけるイヌの機能の研究、イヌの自然な行動レパートリーが人間が減少または絶滅した世界でどう変わるのかの研究、そして時間の経過と共にイヌはどのように人間から切り離されていくのかの研究などがある。

イエイヌ（Canis lupus familiaris）の生活史を研究すれば、彼らの繁殖戦略のほか、父イヌやほかのイヌたちの子育て参加、イエイヌたちの空間利用と採食生態、そして体格と生息環境の関係といったテーマへの理解を深めることができる。また、私たちがいなくなったらイヌはどうするのか、どのような生活が彼らを待っているのかを理解するには、世界中の自由に歩き回るイヌと野犬を研究するのが一番だ。すでにそのようなイヌの研究に取り組んでいる研究者たち――本書は彼らの研究をベースに書かれている――はデータを集め始めており、そのデータは私たちの推測をデータに基づいた仮説へと変えてくれるはずだ。この研究は生活史の研究になるだけでなく、自由に歩き回るイヌの真の姿を明らかにし、その生活に関する誤った思い込みを覆すうえでも大いに役に立つはずだ。

じつは自由に歩き回るイヌや野犬と同様、飼い犬に関しても誤った思い込みがある。その思い込みのせいで、調査で尋ねるべき質問や集めるべきデータのタイプおよび幅が制限され、イヌの行動学調査が限定的になってしまうことも多い。そんな思い込みの一つが「イヌにとっての自然な環境は人間の家庭だ」という考え方だ。本書で明らかにしたように、イヌにとっての自然な環境がどこなのかを断言するのは難しい。イヌは多様な環境に生息しており、世界でも人間の家庭に住んでいるイヌはその一部に過ぎない。また、人間の家庭と一口に言っても、サハラ砂漠の家庭から北極地方の家庭までまさに千差万別だし、なかには一生のうちに生活環境が何度も変わるイヌも多い。飼い主に捨てられ、路上で生活するようになるイヌはその最たる例と言えよう。

イヌの認知機能に関する研究の対象は、その大半が飼い犬であり、調査はイヌ科動物の認知機能を調べる研究所や飼い主へのアンケートで行われる。これらのプロジェクトは、飼い主が研究室に連れてきたり、アンケートに答えたりした飼い犬について興味深い結果を出している。また、そういったプロジェクトは研究室や野生環境で行われる多くの実験とはちがい、調査の対象個体に害を与えることもない。研究室に連れてこられたイヌたちは概ね課題を楽しんでいるようだし、苦痛を伴う実験手順もない。問題が生じるとしたらそれは、結果をすべてのイヌ、またはすべての飼い犬にあてはめて一般化したときだ。なんといっても重要なのは、個々のイヌが置かれた状況だということを忘れないことだ。

イヌにとっての自然な行動とは何だろうか。飼い犬が見せる行動だろうか。オオカミがする行動だろうか。それともその中間の行動だろうか。イヌの「自然」な行動は、オオカミの自然な行動よりも突き止めるのが難しそうだ。なぜなら、イヌの行動には、人間の介入があまりにも多いからだ。その一例が、おしっこをするときだ。オオカミの場合、オスは片方の後ろ脚を上げ、メスはしゃがんでおしっこをするのが自然だ。オスのイヌも片方の後ろ脚を上げ、メスはしゃがんでおしっこをする。そこまではイヌもオオカミも同じだ。しかし本来、イヌにとっては自分の縄張りや行動圏でおしっこをすることが自然な行動なのに、彼らは住んでいる家の屋内や庭の芝生、そのほか特定の場所では用を足すことができない。なぜか。それは私たち人間が嫌がるからだ。また、動物の死骸をもてあそんだり、私たちのベッドで鹿の脚をかじったり、庭に穴を掘ったり、交尾の相手を探して近所をうろつくことも、飼い犬には許されない。彼らは生まれた直後からイヌとしての自然な行動を抑制され、それは生涯続くのだ。このように飼い犬には人間に禁じられているからやらない行動と、狩りや食料の確保のように、する必要がないからやらない行動がある。人間のパートナーとして暮らすことで、イヌたちの自然な行動は変化しているのだ。

イヌが人間に依存する仕組みをイヌの採食生態や繁殖戦略、認知能力、感情能力の観点からもっと理解できるようになれたら面白い。たとえばイヌはどこに住んでいようと、食料源は何らかの形で人間に依存しているとよく言われる。しかしこれには二通りの考え方がある。つまり（a）イヌにとって人為的な食料源は不可欠、（b）イヌは人為的食料源をうまく利用してきた、の二つの考え方だ。科学的研究では、依存性を（a）の枠組みでとらえがちだが（b）の枠組みが正しい可能性もあり、その場合、自力で生きるときのイヌはどう行動するかという問いへの答えはまったく別のものになる。

現在を生きつつ、未来を考える

人類滅亡後の未来に関する私たちの思考実験は、科学者だけでなく、イヌと暮らす多くの人々にとっても非常に重要だ。なぜならイヌが野生動物となる未来を考えることで、現在のイヌと人間の関係について多くのことを学べるからだ。以下に、この思考実験から私たちが得た学びをいくつかまとめてみる。

一．「すべての環境に対応できるイヌ」など存在しない。イヌがすることと、しないこと、イヌにとって良いことと、悪いことを過度に一般化しないよう注意し、つねに個々のイヌに焦点をあてて考えなければならない。

二．形質のなかには、そのイヌがさまざまな状況に適応する力を高め、困難な未来を生き抜いて繁栄する可能性を高めるものもある。一方、現在でも未来でも、不適応な形質が動物にとって有利には働くことはまずないため、不適能で人間の利益にしかならない形質を選抜する繁殖はやめるべきだ。

三．イヌを飼う人たちは、愛犬がイヌ特有の行動をするのを許可しなければいけない。本書を通じて、イヌの自然な行動は彼らにとって有益であるという私たちの理解は深まった。もし私たちがイヌの真の姿を科学的に理解すれば、イヌと暮らすときに彼らにとって何が最善かを考えることができる。また、イヌを野生動物として捉えること、つまり人間の家庭を含む幅広い自然の生態系の一部として捉えることも大切だ。なぜならイヌは、決して自然界の外にいるわけではないからだ。

四．イヌが暮らす環境の幅は広く、彼らはさまざまな形で人間とともに暮らしてきた。しかしなかには、研究所や食用犬の飼育所、イヌの繁殖所のように、イヌがイヌらしく生きることができない場所もある。また、それほど抑制されているように見えなくても、実際にはイヌとしての能力が制限され、充実した生活が送れない環境もある。たとえばおしゃれなアクセサリーとして購入され、爪にマニキュアを塗られて、人工芝の庭で遊ぶことを教え込まれた小型犬は、事実上、イヌとして行動することが許されていない。このように飼い主に過保護にされると、普通のイヌとして行動する能力は大いに損なわれる可能性がある。

五．多くの人が、豊かで多様な愛情を自分のイヌに注いでいる。そんなふうに人の深い思いやりを引き出すイヌは、私たちが思いやりや共感をほかの人や人以外の存在へと拡大するときの入り口となる種、いわば触媒の役割を果たす種なのかもしれない。

六．私たち人間が滅亡した後の世界について考えるのはあまり愉快ではないが、人間がいなくなってもイヌが生き残っていけると言える根拠はたくさんある。人間中心主義からの脱却を始めるのは私たちにとって健全なことであり、それができて初めて、人間中心ではない思考、真の意味で実りのある、人間本位ではない思考が生まれる。

イヌの未来

イヌについて考えるとき、人間は過去を振り返りがちだ。科学者たちは、オオカミがいつ、どこでどのようにしてイヌになったのかというとらえどころのない過去の謎を解くことで、イヌとは何者かを理解しようとする。そしてその答えの手がかりを探して、考古学的記録を丹念に調べ、頭蓋骨の化石の形状や矢状稜の些細な違いを比較し、オオカミとイヌのDNAを分析する。

だが、過去を振り返るのは科学者だけではない。現在、イヌと暮らしている人々もまた、イヌの背後にオオカミの大きな影を見ている。本書に対する反応で一番多かったのが「人間がいなくなれば、イヌはオオカミに戻るに決まってる。そもそも最初はオオカミだったんだから」というものだ。

しかし進化が逆戻りすることはない。進化は未来に向かって進みはしても、後ろに戻ったりはしないのだ。また、オオカミからイヌへの進化が、まっすぐに伸びた一本道だったわけでもない。イヌの家畜化はさまざまな場所で起こり、長い時間をかけてゆっくりと進んでいった。だからオオカミがいつオオカミイヌになり、オオカミイヌがいつイヌになったかを正確に示すことは不可能だ。家畜化されたイヌの起源が複数あるように、イヌが人間に依存しなくなる起源も複数あるはずだ。野犬はすでにその自立への道を、都会のアパートに住む犬たちより先に歩み出している。そう、彼らはすでに野生の社会に住んでいるのだ。そして彼らは今、まったく新しいものに向かって突き進んでいる。

現在もなお進行中のイヌの進化にとって最も重要な出来事は、ホモ・サピエンスの滅亡となるのか。その答えはイエスだ。ではイヌにとって人間の存在は必要不可欠なのだろうか。それについては、答えはノーだ。人間がいなくなればイヌにとっては大打撃だが、それでも彼らはなんとかやっていくはずだ。

私たちがここで伝えたいのは、想像上の未来についてだけではない。私たちがいなくなった後のイヌの姿を考えることで、現在のイヌの存在について、そして人間とイヌの両方にとってベストな関係について、新たな気づきが得られるはずだ。たとえば人間がいなくなったことでイヌが得るものを考えれば、私たち人間がこれまで彼らのイヌらしさをいかに損なってきたかが浮き彫りになる。またその理解が深まれば、私たちはイヌにもっと自立と自由を与えるようになるかもしれない。人間との密接なパートナーシップはイヌという種の進化に強い影響を与えてきた。私たち人間がいなかったら今日の彼らはいないだろう。しかし共進化は両方の方向に働くものであり、もしイヌがいなかったら、今日の私たちもいなかっただろう。

イヌにはさまざまな未来が考えられるし、そのなかにはほかよりも良い未来もあれば悪い未来もある。けれどイヌたちにとって、人間がいない未来はあなたが当初、思っていたほど悪いものではない。

人は、暖炉の傍らでぬくぬく丸くなっている愛犬を見るとつい「私がいなくなったら、おまえはどうなってしまうんだろうね」と言いたくなる。でもたぶんイヌは、小さくこう答えているはずだ。「そんなに悪いことばかりじゃないかもね！」と。

謝辞

長年にわたって私たちを支援してくれたクリスティー・ヘンリーに心からの感謝を捧げたい。私たちの初期のアイデアに可能性を見いだし、その実現のために協力してくれたアリソン・カーター、細やかで愉快な校閲をしてくれたダナ・ヘンリックス、そしてナタリー・バーン、ホイットニー・ラーエンホースト、マシュー・テイラー、ケイト・ファーカー・トンプソンをはじめとするプリンストン大学出版局の皆さんにも心より感謝する。アムロン・グラヴェットは索引づくりにすばらしい腕を発揮してくれた。またマルコ・アッダは、インドネシアのバリで自由に歩き回るイヌたちの写真を提供してくれただけでなく、彼らに関する多くの質問にも答えてくれた。未来のイヌの典型的な姿とも言えるポピーの写真を使わせてくれたセージ・マッデンにもお礼を言いたい。リック・マッキンタイア、L・デイヴィッド・メック、ダグラス・スミス、そしてロバート・ウェインからは、オオカミの近親交配について現在わかっていることを教えてもらった。ブラッド・スミスとブラッド・パーセルはオーストラリアのディンゴに関する貴重な見解を提供してくれ、アンドリュー・ローワンは全世界のイヌの最新の推定数を継続的に教えてくれた。また、関連資料を送ってくれたブルックス・フェイ、マイケル・W・フォックス、ベティ・モス、ポール・パケット、マイケル・ウォーボーイズ、イヌの分類法やチョルノービリで実際に起こった出来事について有益な議論をしてくれたジョナソン・ターンブルとアダム・サールにも心からの感謝を捧げる。原稿に目を通し、洞察力あふれる助言をしてくれたマーク・ダーにも感謝したい。彼ほどイヌのことを知っている人はいないだろう。最後に、出版前の本書に目を通し、すばらしく有益な感想を伝えてくれた三人の匿名の読者にも心よりの感謝を伝えたい。

各扉写真キャプション

（マルコ・アッダ撮影）

一章：自由に歩き回る若いバリ犬。お供え物をあさっている。

二章：浜辺で、捨てられた子犬の面倒を見るメスのバリ犬（バトゥボロン村）。

三章：行動圏内を群れになってうろつくバリ犬たち（バトゥボロン村）。

四章：普段は自由に歩き回っている母犬も、子犬の世話のために庭につながれることがある。

五章：自由に歩き回るバリ犬の交尾。交尾をするオス犬（中央右の茶色いイヌ）は、二匹のオス（白いイヌ）がメス犬（中央左）に近づかないよう、目を光らせている。

六章：バトゥボロンの浜辺で戯れるバリ犬。

七章：駐車場でお供え物をあさるバリ犬の子犬。

八章：洞窟に住む、バリ犬の子犬。

九章：授乳中のバリ犬の母犬と子犬。

註

一章：人類滅亡後、イヌはどうなるのだろうか

1. Weisman, *World without Us*, p.5.［アラン・ワイズマン『人類が消えた世界』鬼澤忍訳、早川書房、2008］
2. Ibid., 44.
3. 「チョルノービリの再生生態」をイヌに焦点をあてて研究するケンブリッジ大学の大学院生、ジョナソン・ターンブルによれば、イヌたちが完全に自活しているその場所は決して不毛の地ではないという。二〇二〇年四月二三日の電話での会話。
4. Heid, "How Dogs Would Fare without Us", 60-65
5. Ibid., 60.
6. Ibid., 64.
7. Ibid., 64.
8. Ibid., 63.
9. Ibid., 65.
10. Ibid., 62.
11. Ibid., 62.
12. Ibid., 63.
13. Ibid., 64.
14. Ibid., 64.
15. Spotte, *Societies of Wolves and Free-ranging Dogs*, 192.

二章：イヌの現状

1. Michael Fox の一九七五年の著書 *The Wild Canids* は明らかな例外で、彼は自由に歩き回るイヌに二章を割いている。一方、David Macdonald と Claudio Sillero-Zubiri の *The Biology and Conservation of Wild Canids* にはイヌに関する章はない。しかし感染症の章で何カ所か「イエイヌ」に関する言及があるので、少なくとも索引にはイヌは登場する。
2. Wayne and O'Brien, "Allozyme divergence within the Canidae," 339.
3. イヌ科動物の種の正確な数は議論が続いている。Castello の *Canids of the World* には現存する三七種のイヌ科動物が掲載されているが、三四種しかないとの情報もある。
4. Macdonald and Sillero-Zubiri, *Biology and Conservation of Wild Canids*, 6.
5. Bekoff and Wells, "Social Ecology and Behavior of Coyotes."
6. Freedman et al., "Genome Sequencing Highlights the Dynamic Early History of Dogs."
7. 家畜化イベントが複数あった可能性に関しては、Frantz et al., "Genomic and archaeological evidence suggest a dual origin of domestic dogs" を参照。単一の家畜化イベントを裏付けるデータについては Bergström et al., "Origins and genetic legacy of prehistoric dogs" を参照。
8. Jensen et al., "Genetics of How Dogs Became Our Social Allies,"334.
9. Amy Woodyatt, "Is it a dog or is it a wolf ? " CNN, November 27, 2019, https://www.cnn.com/travel/article/frozen-puppy-intl-scli-scn/index.html 二〇二〇年四月一四日閲覧。
10. Sober, *Nature of Selection.*
11. Morey, *Dogs: Domestication and the Development of a Social Bond*, 67.
12. 家畜化された哺乳類の改変された形態学的形質の一覧は

Wilkins, Wrangham, and Fitch, "The 'Domestication Syndrome' in Mammals : A Unified Explanation Based on Neural Crest Cell Behavior and Genetics"を参照。

13. Daniels and Bekoff, "Domestication, Exploitation, and Rights," 354.

14. Price, "Behavioral Aspects of Animal Domestication"; and Daniel and Bekoff, "Domestication, Exploitation, and Rights."

15. イヌはつねに私たちの身近にいるが、彼らは思いのほか謎めいた存在だ。そもそもイヌが世界中に何匹いるのかも正確にはわからないし、誰も彼らがどこでどのように暮らしているかを完全に把握してはいない。わかっているのは大まかな数字だけだが、その数字も世界のイヌの一部分をとらえているにすぎない。世界のイヌの個体数を把握できないのは、それを数えている組織や政府機関がないからだ。分類学者も生物学者も野生動物の種については個体数を調査するが、イヌの個体数は調べない。また、どの動物保護団体の監視リストでも、イヌは野生種の脅威としてしか掲載されていない。イヌに関しては、何らかの別の目的で収集されたデータの寄せ集めがあるだけだ。

　たとえば世界保健機構が収集した野良犬のデータは、狂犬病が公衆衛生にもたらす脅威を監視し、対策を講じるために収集されたものだ。飼い犬（ペット犬）のデータも断片的で、個体数がわかるのは、ペット飼育が一般的な国や、「犬の保護団体」が組織され、保護活動が積極的に行われている国だけだ。データは一般に、業界団体が実施する調査や、保護施設、動物愛護団体によって収集されているが、これらの調査の推定個体数は最大で一五パーセント以上違う場合もある。イヌの推定個体数は、文化的慣行を標準化し、調査範囲を広げると、大きくなりすぎ、捨てられたペット犬や保護施設での殺処分を過小評価すると、少なくなりすぎる可能性がある。

　イヌが種分化した初期、すなわち約一万五〇〇〇年〜四万年前から現在までのイヌの個体数をグラフにしたら、イヌの数は比較的ゆっくりと、しかし着実に右肩上がりの曲線を描くだろう。その曲線は、過去数百年のある時点、すなわち犬種をつくるために集中的な人為選択が過熱した時点で急な上昇カーブを描き、世界中でペット飼育の人気が出たこの一〇年、二〇年は、曲線がさらなる急カーブで上昇したと思われる。しかしイヌの個体数について信頼できるデータはないため、このグラフはわかる範囲の情報に基づいた推測にすぎない。

16. Hal Herzog は、地球上のイヌの数を一〇億匹と見積もり、イヌと人間の比率を一：七・五と推定している。"Is a Love of dogs Mostly a Matter of Where You Live?" *Psychology Today*, https://www.psychologytoday.com/us/blog/animals-and-us/201908/is-love-dogs-mostly-matter-where-you-live. 二〇二〇年四月一四日閲覧。

17. イヌの数は、個体数が多い国の多くが公表しているが、データは不完全なことが多く、国や地域間の比較をしてもそれが正確とは言い切れない。なぜならイヌの数を数えるのが、多めに見積もりたい業界団体のときもあれば、少なく数えがちなＮＰＯのときもあるからだ。

18. ユーロモニターのデータに基づく Hal Herzog の分析。Ibid.

　以下は、イヌの個体数動態を長年追跡しているアンドリュー・ローワンが、二〇一九年三月五日と七月二九日に電子メールで送ってくれた情報だ。

　　世界のイヌの数は、人間の人口と相関関係にある可能性が高く、世界のイヌの数は人間一〇人あたりにイヌ一匹（全体で七億匹）がおおよその数と思われます。マシュー・ゴンパーは、総個体数を一〇億匹と算出していますが、それは多すぎると私は考えています。

この四〇年間、先進国の大半でイヌと人間の相対数（人口一〇〇〇人あたりのイヌの数）はほとんど変わっていません。たとえば人口一〇〇〇人あたりのイヌの数は、一九八〇年以来、スウェーデンでは七〇匹から八〇匹、イギリスは約一四五匹、アメリカは約二二五匹です。全世界的に見ると、人口一〇〇〇人当たりのイヌの数はサウジアラビアで二匹から三匹、南アジアで五〇匹から一〇〇匹、フィリピンおよびそのほかの多くの大西洋諸島で二五〇匹から四〇〇匹、チリの地方部では八〇〇匹です。私が知る限り、この八〇〇匹が最も多い数字です。

犬の相対数が変化した国もあります。たとえば日本は人口一〇〇〇人あたりのイヌの数がこの三〇年間で二〇匹から九〇匹に増えました。

残念ながら、私たちが持っているイヌの個体数のデータは正確と断言できるほどのものではありません。アメリカで行われた二つの主要な調査（APPAとAVMAの調査）を比較しても、推定数は一〇から一五パーセント違っています（この一五年間、つねにAPPAのほうが多くなっています）。ところで世界には約四億匹の「飼われている」イヌ（比較的、管理されているイヌ）と、路上に住んで自由に暮らしている三億匹のストリート・ドッグがいます。アジア、アフリカ、ラテンアメリカでの観察によれば、ほとんどのストリート・ドッグは特定の家族に「所有」される形になっており、このイヌはあの家族と関わりがあるという認識が存在し、イヌはその家族に食料を提供してもらっています。したがって、ストリート・ドッグをたんなる「野良犬」と捉えるのは間違いです。

19. この推定はAmerican Pet Products Associationによるもので、非常に大まかな数字だ。アメリカやそのほかの国にいるイヌの正確な個体数は誰にもわからない。

20. 自由に歩き回るイヌの数は、イヌ全体の七五パーセントから八五パーセントのあいだとされているが、これが大幅に違う可能性もある。例えばモリーは世界中のイヌの約一五パーセントは飼い犬だとしているが（Morey, *Dogs: Domestication and the Development of a Social Bond*）、アンドリュー・ローワンは、飼い犬は五〇パーセント近くを占めるとしている。ローワンの推定には「ホームレス」のイヌや保護施設にいるイヌも含まれている。アンドリューは「北米、ヨーロッパ、オーストラリア、ニュージーランドの保護施設にいる飼い犬はつねに、飼い犬全体の一パーセント以下（おそらく〇・一パーセント前後）だ。保護施設にいるストリート・ドッグやコミュニティ・ドッグの割合はもっと少ない」としている。アンドリュー・ローワンがマーク・ベコフに宛てた二〇一九年一二月一八日の電子メールより。

21. Morey, *Dogs: Domestication and the Development of a Social Bond*, 31.

22. Jensen, *Behavioural Biology of Dogs*, 145.

23. 人間とその愛犬について語る際は、「飼われている」や「飼い主」といった言葉の問題もある。動物を擁護する人々がこの言葉を嫌悪することは多いし、たしかにイヌについて話すときの言葉遣いには道徳的に問題のある潜在意識がにじみ出る。しかし自分の愛犬を「私のベラ」や「うちのルーファス」と所有を示す言葉で語る人が多いのは、イヌへの愛情ゆえであり、イヌをモノ扱いして搾取しようとする邪な気持ちからではない。

24．「野良犬」や「ストリート・ドッグ」という呼び方について、Arnold Arluke と Kate Atema は「私たちがこのようなイヌを〈野良犬〉や〈ストリート・ドッグ〉ではなく「歩き回るイヌ」と呼ぶのは、〈野良犬〉と呼ぶと、そのイヌがホームレスで、そのイヌに関心や責任を持つ人間がいないように聞こえるからだ。しかし逸話や調査データは、多くのイヌがそうではないことを示している」。Arluke and Atema, "Roaming Dogs." https/doi.org/10.1093/oxfordhb/9780199927142.013.9.

25．Francis, *Domesticated*, 34.

26．Daniels and Bekoff, "Feralization."

27．Gamborg et al., "De-Domestication" を参照。

28．Castelló, *Canids of the World*, 113.

29．マーク・ベコフ宛ての二〇二〇年一一月二五日の電子メールより。ディンゴに関する詳細は Bradley Purcell の *Dingo*、Bradley Smith の *The Dingo Debate: Origins, Behaviour and Conservation*、および Pat Shipman の "What the dingo says about dog domestication" を参照。

30．マーク・ベコフ宛ての二〇二〇年一二月二六日の電子メールより。

31．「品種」の概念と歴史については、その興味深い歴史を紹介した Worboys, Strange, and Pemberton の *The Invention of the Modern Dog: Breed and Blood in Victorian Britain* を参照。

32．Mark Derr, "Shifting Perspectives on How Dogs Came to Be Dogs," Psychology Today, September 23, 2019 https://www.psycologytoday.com/us/blog/dogs-best-friend/201909/shifting-perspectives-how-dogs-came-be-dogs, 二〇二〇年四月一五日閲覧。イヌを遺伝子解析することで、犬種表示に問題が生じることもある。世間では犬種の誤表示が珍しくなく、最も一般的なのがピットブルタイプといった表示だ。純血種ではないのに純血種として販売されることも多く、純血種と信じていた愛犬のＤＮＡを調べたら、不愉快な結果が出たという飼い主は多い。

33．Michael Brandow, *A Matter of Breeding* を参照。

34．"Pets by the Numbers," Animal Sheltering, を参照。https://humannepro.org/page/pets-by-the-numbers, 二〇二〇年四月一五日閲覧。純血種のイヌの数は増加しているかもしれないが、アメリカなどいくつかの国では、雑種に対する純血種の割合が微減している可能性がある。

35．Marc Bekoff, "Dog Breeds Don't Have Distinct Personalities," *Psychology Today*, https://www.psychologytoday.com/us/blog/animal-emotions/201901/dog-breeds-dont-have-distinct-personalities.

三章：未来のかたち

1．Stearns, "Trade-offs in life history evolution," 4.

2．特に自由に歩きまわるイヌに関する研究では、いくつか顕著な例外がある。たとえば Boitani, Francisci, Ciucci, Andreoli はイタリアの野犬の生態と行動に関する論文に、繁殖と生活史の項目も入れている（"Population biology and ecology of feral dogs in central Italy"）。

3．例としては、Asher et al. "Inherited defects in pedigree dogs. Part 1: disorders related to breed standards" および Edmunds et al. "Dog breeds and body conformations with predisposition to osteosarcoma in the UK: a case-control study" を参照。

4．Bekoff, Daniels, and Gittleman, "Life history patterns and the comparative social ecology of carnivores" を参照。

5. Jonathan Loso の *Improbable Destinies* は収束進化の魅力に迫っている。彼は「進化の規則性」すなわちベルクマンの法則やアレンの法則など、おおむね成立して見える法則について書いている。しかし進化の系統によっては、同じ淘汰圧力に対して異なる道筋で進化することも多い。したがって暑い気候が小さな体格につながることもあれば、大きな体格につながることもある。

6. Cooke, Eigenbrod, and Bates, "Projected losses of global mammal and bird ecological strategies."

7. Ibid.

8. Hemmer, *Domestication*, 26.

9. Lark et at., "Genetic architecture of the dog" を参照。

10. Bryce and Williams, "Comparative locomotor costs of domestic dogs."

11. Ibid.

12. 例としては Andersson, "Were there pack-hunting canids in the Tertiary, and how can we know?" を参照。

13. Fawcett et al., "Consequences and Management of Canine Brachycephaly in Veterinary Practice: Perspectives from Australian Veterinarians and Veterinary Specialists" を参照。彼らは「近年の選択により、イヌの頭蓋骨は徐々に短く、広くなっているが、この傾向が生理学的限界に達したかどうかは議論のあるところだ」としている。しかし、犬種のなかには限界点に達したものもある、と彼らは結論づけている。

14. Kaminski et al. "Evolution of facial muscle anatomy in dogs."

15. 人間とイヌの関係にオキシトシンが果たす役割については多くのデータがあるが、人間とイヌの関係がどういうものかは、いまだにはっきりしていない。「オキシトシン・フィードバックループ」については、サラ・マーシャル・ペスシニのグループの矛盾する結果を参照。Marshall-Pescini et al., "The Role of Oxytocin in the Dog-Owner Relationship."

16. Perry et al. "Epidemiological study of dogs with otitis externa."

17. Spotte, *Societies of Wolves and Free-ranging Dogs*, 55.

18. Parker et al. "The bald and the beautiful."

19. Hemmer, *Domestication*.

20. 気候、気象、体温調節について興味があれば、Silva and Campos Maia, *Principles of Animal Biometeorology* を参照してほしい。一一九ページでは、緯度が低い場所では暗い色のほうが有益と論じられている。

四章：食と性

1. イエイヌなど任意で肉食にもなる動物は、カロリーの多くをさまざまな食物で摂取するため、生き残るには有利だ。雑食動物は、動物や植物だけでなく、普通は食物とは思えないものも食べて栄養を摂取する。たとえばコヨーテは、信じられないほどさまざまなものを食べている。コヨーテのフンを分析したある調査では、フンには六〇種類ほどの物質が含まれていたが、なかにはゴムボールやゴム長、手袋、綿など食物以外のものも混ざっていた。野外生物学者は一般に、食餌に占める肉の割合が半分以下の種を「雑食性肉食動物」と分類している。「肉食性肉食動物」とは、食餌の半分以上を肉が占める動物を指す。

2. Butler, Brown, and Du Toit, "Anthropogenic Food Subsidy to a Commercial Carnivore: The Value and Supply of Human Faeces in the Diet of Free-Ranging Dogs." を参照。

3. Spotte, *Societies of Wolves and Free-ranging Dogs*, 143.

4. Daniels, "Conspecific scavenging by a young domestic dog,"

5. 例としては、Young et al. "Is Wildlife Going to the Dogs? Impacts of Feral and Free-roaming Dogs on Wildlife Populations." を参照。

6. たとえばStephen Spotteは次のような観察を記している。「セントルイスでは三匹のイヌがリスを追いける姿が六一回観察されたが、そのすべてでイヌはリスを取り逃がしていた」。Spotte, *Societies of Wolves and Free-Ranging Dogs*, 143. マークもこのような光景は何度か目撃しているが、彼は最初からイヌはリスを捕まえられないとわかっていた。なぜならイヌの多くは、これを狩りではなく遊びと考えているらしいからだ。

7. Gompper, *Free-Ranging Dogs & Wildlife Conservation* を参照。

8. 本書の校閲者は「この例を見たら、子どものころに読んだJim Kjelgaard の絵本 *Desert Dog* を思い出しました。砂漠に捨てられたグレイハウンドが、環境に適応するか死ぬかを迫られる物語でした」と言っていた。タウニーやセーブル、ブルータスの冒険を描いたこの物語はフィクションだが、イヌたちが群れをつくり、友を作り、諍いをし、狩りを覚え、人間の力を借りずに生き抜く姿が、驚くほど説得力のある筆致で描かれている。

9. J. David Henry, "Red Fox."

10. Ritchie et al., "Dogs as predators and trophic regulators," 58.

11. Samuel et al., "Fears from the past?"

12. Sakar, Sau, and Bhadra, "Scavengers can be choosers," 38.

13. Macdonald, Creel, and Mills, "Canid Society," 85.

14. Ibid., 87

15. オオカミの研究者たちの話では、オオカミは近親交配が比較的珍しいという。それでもオオカミの個体群、特にアイル・ロイヤルのように地理的に孤立した場所の個体群にとって近交弱性は深刻な問題だ。人間に捕食される可能性が非常に高いため繁殖個体の数が極めて少ないことも多く、遺伝的ボトルネックが起こることがあるからだ。近親交配が大規模に起こると、群れが生き残る確率は低下する。詳しくはBensch et al., Selection for Heterozygosity Gives Hope to a Wild Population of Inbreed Wolves"; Ralls, Harvey, and Lyles, "Inbreeding in natural populations of birds and mammals"; Lockyear et al., "Retrospective Investigation of Captive Red Wolf Reproductive Success in Relation to Age and Inbreeding." を参照。

　著名なオオカミの研究者Douglas SmithとRick McIntyreも、野生のオオカミの近親交配は比較的少ないとマークへの電子メールで述べていた（二〇二〇年四月一二日の私信の電子メール）。

16. Kopaliani et al., "Gene flow between wolf and shepherd dog populations in Georgia (Caucasus)" ヒマラヤ山脈のチベット高原で牧羊犬として繁殖されたチベタン・マスチフは、雑種強勢――メリットのある近親交配――の一例だ。チベタン・マスチフが高高度の環境に非常によく適応しているのは、彼らがチベットオオカミと交配したからだ。Signore et al., "Adaptive Changes in Hemoglobin Function."

17. Daniels and Bekoff, "Population and Social Biology of Free-Ranging Dogs, *Canis Familiaris*," 758.

18. Majumder et al., "Denning habits of free-ranging dogs." 2.

19. Bonanni and Cafazzo, "The Social Organization of a Population of Free-Ranging Dogs," 84.

20. Pal, "Parental care in free-ranging dogs, *Canis familiaris*," 31.

21. Paul and Bhadra, "The Great Indian Joint Families of

Free-Ranging Dogs," 1.
22. Ibid., 13
23. Pal, Roy, and Ghosh, "Pup rearing."
24. Pongrácz and Sztruhala, "Forgotten, But Not Lost," 1.
25. ダーシー・モリーは興味深い問いを投げかけている。彼は人間と接するときのイヌを「r戦略家」、オオカミを「K戦略家」と説明している。一九六七年、生物学者のEdward WilsonとRobert MacArthurは*The Theory of Island Biogeography*で、さまざまな生態学的圧力に対応して進化した二つの進化的生活史戦略を説明するr-K選択の概念を紹介した。変化の激しい環境に住む生物種にとっては、多くの子を作り、それぞれの子に過剰な投資をしないことが最善の戦略だ。このr戦略をとる生物種は成熟が早く、子の数が多く、子育て活動はほとんど、あるいはまったくしないが繁殖活動は多い。一方、安定的な環境で進化する生物種がとるのがK戦略だ。K戦略をとる生物種は繁殖時期が遅く、子の数が少なく、高度な子育てをする傾向が高い。モリーの説が正しい場合、それは人類滅亡後のイヌにどのような意味を持つのだろうか。人間がいなくなれば、イヌの生活史戦略はK戦略に変わるのか。イヌがr戦略からK戦略へ切り替えるには、どのくらいの期間がかかるのだろうか。
26. 小型の犬種より大型の犬種のほうが、性成熟が遅いというデータもある。
27. Mech and Boitani, *Wolves; Behavior, Ecology, and Conservation.*
28. Packard et al. "Causes of Reproductive Failure"; Sands and Creel, "Social dominance, aggression and faecal glucocorticoid levels."
29. Bonanni and Cafazzo, "Social Organization of a Population of Free Ranging Dogs," 82.
30. Brisbin and Risch, "Primitive dogs, their ecology and behavior."
31. McIntyre et al., "Behavioral and ecological implications of seasonal variation."
32. Daniels and Bekoff, "Population and Social Biology of Free-Ranging Dogs," 757.
33. Sidorovich et al., "Litter size, sex ratio, and age structure of gray wolves."
34. Mech, *The Wolf.*
35. たとえばInoue et al., "A current life table and causes of death for insured dogs in Japan."を参照。
36. Spotte, *Societies of Wolves and Free-ranging Dogs*, 191.
37. *Paul et al., "High early life mortality in free-ranging dogs."*
38. Ibid., 1
39. ダニエルズとベコフは、自由に歩き回るイヌの死亡率は若年期には比較的高いと報告している。しかしイヌの遺骸が見つかることはほとんどないため、これを断言することは難しい。五匹のメスのイヌが産んだ子のうち、七パーセントの子犬が死に、生後四カ月まで生き残ったのは全体の三四パーセントだった。Daniels and Bekoff, "Population and Social Biology of Free-Ranging Dogs," 757. Pal, "Parental care in free-ranging dogs, *Canis familiaris*"："Puppy mortality rates of 63% by the age of 3 months was in approximate agreement with the results of previous studies in free-roaming domestic dogs by Scott and Causey (1973), Daniels and Bekoff (1989) and Pal (2001)."

五章：家族、友だち、敵

1. Leyhausen, "The Communal Organization of Solitary Animals."
2. Scott and Fuller, *Genetics and the Social Behavior of the Dog.* 子犬が育てられている状況によるが、社会化期間は最大で生後一二週から一四週まで延びることも可能だ。Freedman, King, and Elliot, "Critical Period in the Social Development of Dogs."
3. 社会化と習慣化は同じではない。習慣化とは一般に、繰り返される刺激への反応が低下することとされている。
4. Pierce, *Run, Spot, Run* および Bekoff and Pierce, *Unleashing Your Dog* を参照。
5. Bekoff and Wells, 'Social Ecology and Behavior of Coyotes", Burrows, *Wild Fox*、*Van Lawick-Goodall*, *Innocent Killers.*
6. Fox, *Behaviour of Wolves, Dogs, and Related Canids.*
7. Bekoff, "Socialization in mammals with an emphasis on non-primates."
8. Fox, *Behaviour of Wolves, Dogs, and Related Canids.*
9. Faragó et al., "Dogs' Expectation about Signalers' Body Size."
10. Riach, Asquith, and Fallon, "Length of time domestic dogs (*Canis familiaris*) spend smelling urine."
11. "A castrated dog will still urine-mark, using the characteristic male leg-lift posture, but it will do so less often." Ian Dunbar,-Neutering Fact Sheet, *Modern Dog Magazine,* https://moderndogmagazine.com/articles/neutering-fact-sheet/255 二〇二〇年四月一五日閲覧。
12. Macdonald and Carr, "Variation in dog society,"333.
13. Ibid., 326.
14. Boitani et al., "The ecology and behavior of feral dogs: A case study from central Italy" も参照。
15. Beck, *Ecology of Stray Dogs.*
16. Macdonald and Carr, "Variation in dog society," 335.
17. Ibid., 336.
18. Daniels and Bekoff, "Population and Social Biology of Free-Ranging Dogs," 754.
19. Ibid., 753. Miternique と Gaunter は、"Coexistence of Diversified Dog Socialities and Territorialities in the City of Concepción" で次のような非常に興味深い議論をしている。「新たな形の社会性、すなわち〈ペット〉犬と〈野良〉犬の中間の社会性を示すイヌもいた。社会空間的位置づけや適応レベルにおけるこのユニークな多様性（イヌが単独または人間と一緒に横断歩道を渡るなど）は、都会の人間特有の文化や都市圏の環境によるものと私たちは考えている。ここからも、イヌが社会的、空間的に大きな適応力を持っていることがわかる。イヌが人間のいる場所ならどこにでもいるのは、彼らがその環境の空間配置と人間文化に依存しているからだ」
20. Bekoff, "Mammalian Dispersal."
21. この原稿の匿名査読者がプリンストン大学出版局の編集者に提出したコメント。
22. Feddersen-Petersen, "Social Behaviour of Dogs," 100-11.
23. Bonanni and Cafazzo, "Social Organization of a Population of Free-Ranging Dogs," 78.
24. Ibid., 70, 78.
25. Schenkel, "Expression Studies on Wolves."
26. Burt, "Territoriality and home range concepts."
27. Beck, "Ecology of 'Feral' and Free-roving Dogs."
28. Spotte, *Societies of Wolves and Free-ranging Dogs, 112.*

29. Macdonald and Carr, "*Variation in dog society*"; Boitani et al., "Population biology and ecology of feral dogs."
30. Gompper, *Free-Ranging Dogs and Wildlife Conservation*, 27. 彼はここで、Luigi Boitani や David Macdonald、およびそのほかの研究者の研究を引用している。
31. Bonnani and Cafazzo, "Social Organization of a Population of Free-Ranging Dogs,"90.
32. Daniels and Bekoff, "Spatial and Temporal Resource Use," 306.
33. Ibid., 308.
34. Vanak and Gompper, "Dietary niche separation between sympatric free-ranging domestic dogs and Indian foxes in central India", Vanak et al., "Top-dogs and underdogs: Competition between dogs and sympatric carnivores." を参照。
35. 肉食動物としてのイヌに関しては、Vanak et al. "Top-dogs and underdogs: Competition between dogs and sympatric carnivores" を参照。
36. Ibid., 69.
37. 現在、イヌはすでに野生種と激しく競争し、生態系に大きな影響を与えている。オーストラリアの研究者グループは、イエイヌが地球上の野生生物、特に「絶滅の恐れがある」脊椎動物種に与えている影響を調査している。二〇一七年、彼らはその結果の一部をまとめ、学術誌の *Biological Conservation* に発表した。彼らによれば、イエイヌ——野犬、自由に歩き回るイヌ、飼い主がいるペット犬を含む——はすでに一一の脊椎動物を絶滅させ、少なくとも世界の一八八の絶滅危惧種にとって既知または潜在的な脅威となっているという。「イヌが与えている影響で最も報告が多かったのがイヌによる捕食で、そのあとに続くのが環境のかく乱や疾病伝播、競争、交配だ」。Doherty et al., "The global impacts of domestic dogs on threatened vertebrates," 56.

　二〇一九年の *Washington Post* には、ブラジルでイヌが野生動物を殺しているという記事が掲載されたが、その記事が取り上げていたのがこのチームの研究だ。

　それこそが、イヌが子どもの数を上回り、イヌが最も破壊的な捕食者となりつつある国の多くの研究者が抱き始めている疑問だ。イヌたちは自然保護区や国立公園に侵入している。一五匹ほどで群れをつくり、野生の獲物を狩っているのだ。彼らは自然保護区に住むキツネや大型のネコを追い出し、数の上ではピューマを二五対一、オセロットを八五対一で上回っている……

　オーストラリアの研究者は、イヌは一一の種を絶滅させたとし、ネコと齧歯類に次いで三番目に有害な哺乳類だと語っている。

　国際自然保護連合には、イヌに大規模に殺されている動物を一覧にしており、イヌが殺している動物種は一九一に及ぶ。その半分以上は絶滅寸前の種か絶滅の危機が増大している種で、イグアナからタスマニアデビル、ハトからサルまで多様だが、その共通点は、イヌが殺して楽しい種、というただ一点だ。ニュージーランドでは、一匹のジャーマンシェパードがキウイを五〇〇羽——ちなみにこれは控えめな数字だ——も殺したという報告もある。

　Terrence McCoy, "The dog is one of the world's most destructive mammals. Brazil proves it." *Washington Post*, August 20, 2019. 二〇二〇年四月一五日閲覧。https://

www.washingtonpost.com/world/the_americas/the-dog-is-one-of-the-worlds-most-destructive-mammals-brazil-proves-it/2019/08/19/c37a1250-a8da-11e9-8733-48c87235f396_story.html

38. Bodyston et al. “Canid vs. canid:.”

六章：人類滅亡後のイヌの内面

1. 「知能」という言葉は、個体が知識を獲得し、それを使ってさまざまな状況に適応し、多様なタスクを遂行する能力を指す。一九八三年、Howard Gardner は著書 *Frames of Mind* で、「多重知能」という概念を紹介した。知能は一般化された能力ではなくむしろ、いくつかの「様式」、つまり情報を処理するさまざまな方法から成る、というのが彼の仮説だ。たとえば人間には視覚が強い人もいれば、言語が強い人もいるが、同様にイヌにもさまざまな「賢さ」があり、それぞれのイヌに独自の知的スキルのパターンがある、と彼は考えた。
2. Bekoff and Pierce, *Unleashing Your Dog*.
3. Cauchoix, Chaine, and Barragan-Jason, “Cognition in Context”; Szabo, Damas-Moreira, and Whiting, “Can Cognitive Ability Give Invasive Species the Means to Succeed? ”
4. Bhattacharjee Sau, and Bhadra, “Free-Ranging Dogs Understand Human Intentions and Adjust Their Behavioral Responses Accordingly” は、人間の指さし行動に従う自由に歩き回るイヌに焦点をあてている。この研究は、飼い犬やオオカミに関する調査の概要も紹介している。
5. たとえば Belger and Bräuer, “Metacognition in dogs: Do dogs know they could be wrong ?” を参照。
6. Lazzaroni et al., “The role of life experience in affecting persistence.”
7. Benson-Amram and Holekamp, “Innovative problem solving,” 4087.
8. Marshall-Pescini et al., “Does training make you smarter ?”
9. Marshall-Pescini et al, “Importance of a species’ socioecology.”
10. Range et al., “Wolves lead and dogs follow.”
11. Drea and Carter, “Cooperative problem solving in a social carnivore.”
12. Marshall-Pescini et al., “Importance of a species’ socioecology.” 11793.
13. 動物の性格を研究する場合、動物行動学者と比較心理学者ではアプローチが違い、採用する前提もモデルも違う。それでも両者とも、動物に性格があることは認めている。Weiss, “Personality Traits; A View from the Animal Kingdom” and Jones and Gosling, “Temperament and personality in dogs (*Canis familiaris*): A review and evaluation of past research” を参照。
14. Bremner-Harrison, Prodohl, and Elwood, “Behavioural trait assessment as a release criterion.”
15. Santicchia et al., “The price of being bold?”
16. Style, *The Stress of Life*.
17. Vindas et al., “How do individuals cope with stress?” 1524. Koolhaas et al., “Coping styles in animals: current status in behavior and stress-physiology.” も参照。
18. たとえば Hiby, Rooney, and Bradshaw, “Behavioural and physiological responses of dogs.”
19. Horváth et al., “Three different coping styles in police dogs.”
20. Špinka, Newberry, and Bekoff, “Mammalian play.”

21. Brand, *Hidden World of the Fox*.
22. Maglieri et al., "Levelling playing field."
23. Altmann, *Baboon Mothers and Infants*. Altman は母ヒヒを、自由放任か抑圧的のどちらかで区別した。

七章　人類滅亡後のイヌの内面

1. *Doomsday Preppers*, National Geographic, https://www.nationalgeographic.com.au/tv/doomsday-preppers/.
2. Emily S. Rueb and Niraj Chokshi, "Labradoodle Creator Says the Breed is His Life's Regret," *New York Times*, September 25, 2019, https://www.nytimes.com/2019/09/25/us/labradoodle-creator-regret.html. 二〇二〇年四月一五日閲覧。
3. 野生では、イヌはコヨーテ、オオカミ、ジャッカルとも繁殖する。
4. もう一つ厄介なのが、不妊去勢手術はイヌの健康に非常に複雑な影響があるらしいという点だ。アメリカ獣医医師会（AVMA）は、不妊去勢手術はイヌにとってリスクと利益の両方があるとし、「イヌの場合、疾病の発生率や疾病の深刻度はさまざまで、すべてのイヌにふさわしい単一の推奨案はない。情報に基づいて推奨案を作成するには、不妊去勢手術のリスクとベネフィットを評価する必要があり、その評価には不妊去勢手術が腫瘍形成や整形外科的疾患、生殖器系疾患、行動、寿命、生息個体数の管理に与える影響も含まれる。しかしその結果には、不妊去勢手術の状況だけでなく、犬種や性別、遺伝子、生活スタイル、体調など多くの要素も影響する」としている。American Veterinary Medical Association, "Elective spaying and neutering of pets," https://www.avma.org/resources-tools/animal-health-and-welfare/elective-spaying-and-neutering-pets. 二〇二〇年四月一五日閲覧。
5. イヌにも影響は大きかった。その影響としては、長期間のステイホームにより、保護施設で保護されていた多くのイヌに引き取り手や里親が見つかった、イヌがウイルスを運ぶかもしれないという根拠のない恐怖やパンデミックによる経済状態の悪化で多くの飼い犬が捨てられたり保護施設に持ち込まれた、ロックダウンによってストリート・ドッグや野犬に餌を与える人が減った、などがある。
6. 私たちが「安楽死」という言葉を使わないのは、その概念が非常にあいまいなうえ、イヌに関して使われるときには倫理的なニュアンスがほとんどないからだ。イヌの「安楽死」は、特定の個体が病気やけがで治療不可能かつ激しい苦しみを味わっているときに行われるもので、通常はペントバルビタールナトリウムの注射で死を早めることを指す。健康なイヌを社会の要請に応じて保護施設で「殺処分」することも、飼い主の要望に応じて獣医クリニックで「殺処分」することも、「安楽死」ではない。同様に、人類が滅亡したらイヌが苦しむかもしれないから、と健康な犬を大量に殺すことも安楽死ではない。
7. Kean, *Great Dog and Cat Massacre*. Campbell の *Bonzo's War* もこの恐ろしい出来事について詳しく述べている。

八章：人間はイヌがいないほうが幸せなのか

1. Pierce, *Run Spot, Run*.
2. Brooks, *The Grass Library: Essays*, 15.
3. Pierce, "Beyond Humans: Dog Utopia or Dog Dystopia ?" *Psychology Today* (blog) October 18, 2018 https://www.psychologytoday.com/ca/blog/all-dogs-go-heaven/201810/beyond-humans-dog-utopia-or-dog-dystopia.

4　Bekoff and Pierce, *Animals' Agenda*; and Bekoff and Pierce, *Unleashing Your Dog* を参照。

参考文献

Abrantes, Roger. *The Evolution of Canine Social Behavior*. Naperville, IL: Wakan Tanka Publishers, 1997.

Adda, Marco. "Free-Ranging Dogs for a Multispecies Landscape: A Paradigm Shift in an Essential Piece of Human-Animal Coexistence." In *Anthrozoology Studies. Thinking beyond Boundaries*, edited by I. Frasin, G. Bodi, C. Dinu Vasiliu, 117–34. Bucharest: Pro Universitaria, 2020. (In Romanian) ISBN: 978-606-26-1212-2.

Allan, James R., James E. M. Watson, Moreno Di Marco, Christopher J. O'Bryan, Hugh P. Possingham, Scott C. Atkinson, and Oscar Venter, "Hotspots of human impact on threatened terrestrial vertebrates." *PLOS Biology* 17, no. 3 (2019): e3000158. https://doi.org/10.1371/journal.pbio.3000158.

Altmann, Jeanne. *Baboon Mothers and Infants*. Cambridge: Harvard Uni- versity Press, 1980.

American Veterinary Medical Association. "Elective spaying and neutering of pets." Accessed April 15, 2020. https://www.avma.org/resources-tools/animal-health-and-welfare/elective-spaying-and-neutering-pets.

Andersson, K. "Were there pack-hunting canids in the Tertiary, and how can we know?" *Paleobiology* 31, no. 1 (2005): 56–72.

Arluke, Arnold, and Kate Atema. "Roaming Dogs." In *The Oxford Handbook of Animal Studies*, edited by Linda Kalof. Oxford Handbooks Online, July 2015. https://doi.org/10.1093/oxfordhb/9780199927142.013.9. Asher, Lucy, Gillian Diesel, Jennifer F. Summers, Paul D. McGreevy, Lisa M. Collins. "Inherited defects in pedigree dogs. Part 1: disorders related to breed standards." *Veterinary Journal* 182 (2009): 402–11. https://doi.org/10.1016/j.tvjl.2009.08.033. PMID: 19836981.

Bar-On, Yinon M., Rob Phillips, and Ron Milo. "The biomass distribution on Earth." *Proceedings of the National Academy of Sciences* 115, no. 25 (2018): 6506–11. https://doi.org/10.1073/pnas.1711842115.

Barrett, Lisa P., Lauren Stanton, Sarah Benson-Amram. "The cognition of 'nuisance' species." *Animal Behaviour* 147 (2019): 167–77. https://doi.org/10.1016/j.anbehav.2018.05.005.

Bartos, Ludek, Jitka Bartosová, Helena Chaloupková, Adam Dusek, Lenka Hradecká, and Ivona Svobodová. "A sociobiological origin of pregnancy failure in domestic dogs." *Scientific Reports* 6 (2016): 22188. https://doi.org/10.1038/srep22188.

Baum, S., S. Armstrong, T. Ekenstedt, O. Häggström, R. Hanson, K. Kuhlemann, M. Maas, J. Miller, M. Salmela, A. Sandberg, K. Sotala, P. Torres, A. Turchin, and R. Yampolskiy. "Long-term trajectories of human civilization." *Foresight* 21, no. 1 (2019): 53–83. https://doi.org/10.1108/FS-04-2018-0037.

Beck, Alan M. "The Ecology of 'Feral' and Free-Roving Dogs in Baltimore." In *The Wild Canids: Their Systematics, Behavioral Ecology and Evolution*, edited by Michael W. Fox, 380–90. New York: Litton, 1975.

———. *The Ecology of Stray Dogs: A Study of Free-Ranging Urban Animals*. West Lafayette, IN: Purdue University Press, 1973.

Bekoff, Marc. *Canine Confidential: Why Dogs Do What They Do*.

Chicago: Chicago University Press, 2018.

———. "Dog Breeds Don't Have Distinct Personalities," *Psychology Today*, https://www.psychologytoday.com/us/blog/animal-emotions/201901/dog-breeds-dont-have-distinct-personalities.

———. "Dumping the dog domestication dump theory once and for all," *Psychology Today* (blog), November 11, 2018. https://www.psychologytoday.com/us/blog/animal-emotions/201811/dumping-the-dog-domestication-dump-theory-once-and-all.

———. "Mammalian Dispersal and the Ontogeny of Individual Behavioral Phenotypes." *American Naturalist* 111 (1977): 715–32.

———. "Socialization in mammals with an emphasis on non-primates." In *Primate bio-social development*, edited by S. Chevalier-Skolnikoff and F. E. Poirier, 603–36. New York: Garland Publishers, 1977.

Bekoff, Marc, and John A. Byers. "The Development of Behavior from Evolutionary and Ecological Perspectives in Mammals and Birds." In *Evolutionary Biology*, edited by M. K. Hecht, B. Wallace, and G. T. Prance, 215–86. Springer, Boston, MA: 1985.

Bekoff, Marc, Thomas J. Daniels, and John L. Gittleman. "Life history patterns and the comparative social ecology of carnivores." *Annual Review of Ecology and Systematics* 15 (1984): 191–232.

Bekoff, Marc, Judy Diamond, and Jeffry B. Mitton. "Life-history patterns and sociality in canids: Body size, reproduction, and behavior." *Oecologia* 50 (1981): 386–90.

Bekoff, Marc, and Jessica Pierce. *The Animals' Agenda: Freedom, Com- passion, and Coexistence in the Human Age*. Boston: Beacon Press, 2017.

———. *Unleashing Your Dog: A Field Guide to Giving Your Canine Companion the Best Life Possible*. Novato, CA: New World Library, 2019. Bekoff, Marc, and Michael C. Wells. "Social Ecology and Behavior of Coyotes." *Advances in the Study of Behavior* 16 (1986): 251–338. https://animalstudiesrepository.org/cgi/viewcontent.cgi?article=1036&context=acwp_ena.

Belger, Julia, and Juliane Bräuer. "Metacognition in dogs: Do dogs know they could be wrong?" *Learning and Behavior* 46 (2018): 398–413. https://doi.org/10.3758/s13420-018-0367-5.

Belo, V. S., G. L. Werneck, E. S. da Silva, D. S. Barbosa, C. J. Struchiner. "Population Estimation Methods for Free-Ranging Dogs: A Systematic Review." *PLOS ONE* 10, no. 12 (2015): e0144830. https://doi.org/10.1371/journal.pone.0144830.

Bensch, Staffan, Henrik Andrén, Bengt Hansson, Hans Chr. Pedersen, Håkan Sand, Douglas Sejberg, Petter Wabakken, Mikael Åkesson, and Olof Liberg. "Selection for Heterozygosity Gives Hope to a Wild Population of Inbred Wolves." *PLOS ONE* 1, no. 1 (2006): e72. https://doi.org/10.1371/journal.pone.0000072.

Benson-Amram, Sarah, Geoff Gilfillan, and Karen McComb. "Numerical assessment in the wild: insights from social carnivores." *Philosophical Transactions of the Royal Society B* 373 (2017): 20160508. http://dx.doi.org/10.1098/rstb.2016.0508.

Benson-Amram, Sarah, and Kay E. Holekamp. "Innovative problem solving by wild spotted hyenas." *Proceedings of the Royal Society B: Biological Sciences* (2012): 4087–95. https://doi.org/10.1098/rspb.2012.1450.

Bergström, Anders, Laurent Frantz, Ryan Schmidt, Erik Ersmark, Ophelie Lebrasseur, Linus Girdland-Flink, Audrey T. Lin, Jan Storå, Karl-Göran Sjögren, David Anthony, et al. "Origins and genetic legacy of prehistoric dogs." *Science* 370, no. 6516 (2020): 557–64. https://doi.org/10.1126/science.aba9572.

Bhattacharjee, Debottam, Sarab Mandal, Piuli Shit, Mebin George Varghese, Aayushi Vishnoi, and Anindita Bhadra. "Free-Ranging Dogs Are Capable of Utilizing Complex Human Pointing Cues." *Frontiers in Psychology* 10 (2020). https://doi.org/10.3389/fpsyg.2019.02818.

Bhattacharjee, Debottam, Shubhra Sau, and Anindita Bhadra. "Free-Ranging Dogs Understand Human Intentions and Adjust Their Behavioral Responses Accordingly." *Frontiers in Ecology and Evolution* 6 (2018). https://www.frontiersin.org/articles/10.3389/fevo.2018.00232/full.

Bielby J., G. M. Mace, O. R. P. Bininda-Emonds, M. Cardillo, J. L. Gittleman, K. E. Jones, C. D. L. Orme, and A. Purvis. "The fast-slow continuum in mammalian life history: an empirical re-evaluation." *American Naturalist* 169 (2007): 748–57. https://doi.org/10.1086/516847.

Biro, Peter. A., and Judy A. Stamps. "Are animal personality traits linked to life-history productivity?" *Trends in Ecology and Evolution* 23 (2008): 361–68.

Boitani, L., and P. Ciucci. "Comparative social ecology of feral dogs and wolves." *Ethology, Ecology and Evolution* 7 (1995): 49–72.

Boitani, L., F. Francisci, P. Ciucci, and G. Andreoli. "Population biology and ecology of feral dogs in central Italy." In *The Domestic Dog*, 2nd ed., edited by James Serpell, 342–68. Cambridge: Cambridge University Press, 2017.

Boitani, Luigi, Paolo Ciucci, and Alessia Ortolani. "Behaviour and Social Ecology of Free-Ranging Dogs." In *The Behavioural Biology of Dogs*, edited by Per Jensen, 147–65. Oxfordshire, UK: CAB Inter- national, 2007.

Bonanni Roberto, Simona Cafazzo, Arianna Abis, Emanuela Barillari, Paola Valsecchi, and Eugenia Natoli. "Age-graded dominance hier- archies and social tolerance in packs of free-ranging dogs." *Behavioral Ecology* 28 (2017): 1004–20. https://doi.org/10.1093/beheco/arx059.

Bonanni, Roberto, and Simona Cafazzo. "The Social Organization of a Population of Free-Ranging Dogs in a Suburban Area of Rome: A Reassessment of the Effects of Domestication on Dogs' Behaviour." In *The Social Dog: Behaviour and Cognition*, edited by Juliane Kaminski and Sarah Marshall-Pescini, 65–104. San Diego: Elsevier, 2014.

Bonanni, Roberto, Simona Cafazzo, Paola Valsecchi, and Eugenia Natoli. "Effect of affiliative and agonistic relationships on leadership behaviour in free-ranging dogs." *Animal Behaviour* 79 (2010): 981–91.

Bonanni, Roberto, Eugenia Natoli, Simona Cafazzo, Paola Valsecchi. "Free-ranging dogs assess the quantity of opponents in inter-group conflicts." *Animal Cognition* 14 (2011): 103–15.

Bonanni, Roberto, Paola Valsecchi, and Eugenia Natoli. "Pattern of individual participation and cheating in conflicts between groups of free-ranging dogs." *Animal Behaviour* 79 (2010): 957–68.

Bostrom, Nick, and Milan M. Ćirković. *Global Catastrophic Risks*.

Oxford: Oxford University Press, 2008.

Boydston, Erin E., Eric S. Abelson, Ari Kazanjian, and Daniel T. Blumstein. "Canid vs. canid: insights into coyote-dog encounters from social media." *Human-Wildlife Interactions* 12, no. 2 (2018): 233–42.

Boyko, Adam R. "The domestic dog: man's best friend in the genomic era." *Genome Biology* 12, no. 2 (2011): 216.

Bradley P. Smith, Kylie M. Cairns, Justin W. Adams, Thomas M. Newsome, Melanie Fillios, Eloïse C. Déaux, William C. H. Parr, Mike Letnic, Lily M. Van Eeden, Robert G. Appleby, et al. "Taxonomic status of the Australian dingo: the case for Canis dingo Meyer, 1793." *Zootaxa* 4564, no. 1 (2019): 173–97. https://doi.org/10.11646/zootaxa.4564.1.6.

Brand, Adele. *The Hidden World of the Fox*. New York: William Morrow, 2019.

Brandow, Michael. *A Matter of Breeding: A Biting History of Pedigree Dogs and How the Quest for Status Has Harmed Man's Best Friend*. Boston: Beacon Press, 2015.

Breck, Stewart W., Sharon A. Poessel, Peter Mahoney, and Julie K. Young. "The intrepid urban coyote: a comparison of bold and exploratory behavior in coyotes from urban and rural environments." *Scientific Reports* 9 (2019): 2104. https://doi.org/10.1038/s41598-019-38543-5.

Bremner-Harrison, S., P. A. Prodohl, and R. W. Elwood. "Behavioural trait assessment as a release criterion: boldness predicts early death in a reintroduction programme of captive-bred swift fox (*Vulpes velox*)." *Animal Conservation* 7 (2004): 313–20.

Bricker, Darrell, and John Ibbitson. *Empty Planet: The Shock of Global Population Decline*. New York: Crown, 2019.

Brisbin, I. L., and Thomas S. Risch. "Primitive dogs, their ecology and behavior: Unique opportunities to study the early development of the human-canine bond." *Journal of the American Veterinary Medical As- sociation* 210, no. 8 (1997): 1122–26.

Brooks, David G. *The Grass Library: Essays*. Ashland, OR: Ashland Creek Press.

Bryce, Caleb M., and Terrie M. Williams. "Comparative locomotor costs of domestic dogs reveal energetic economy of wolf-like breeds." *Journal of Experimental Biology* 220 (2017): 312–21. https://doi.org/10.1242/jeb.144188.

Bubna-Littitz, Hermann. "Sensory Physiology and Dog Behaviour." In *The Behavioural Biology of Dogs*, edited by Per Jensen, 91–104. Oxfordshire, UK: CAB International, 2007.

Budaev, Sergey, Christian Jørgensen, Marc Mangel, Sigrunn Eliassen, and Jarl Giske. "Decision-Making from the Animal Perspective: Bridging Ecology and Subjective Cognition." *Frontiers in Ecology and Evolution* 7 (2019): 164. https://doi.org/10.3389/fevo.2019.00164.

Burrows, Roger. *Wild Fox*. Taplinger, 1968.

Burt, William Henry. "Territoriality and home range concepts as applied to mammals." *Journal of Mammalogy* 24 (1943): 346–52.

Butler, James R. A., Wendy Y. Brown, and Johan T. Du Toit. "Anthropo- genic Food Subsidy to a Commensal Carnivore: The Value and Supply of Human Faeces in the Diet of Free-Ranging Dogs." *Animals* 8, no. 5 (2018): 67. https://doi.org/10.3390/ani8050067.

Byrne, Richard. *The Thinking Ape: The Evolutionary Origins of*

Intelligence. Oxford: Oxford University Press, 1995. ［リチャード・バーン『考えるサル——知能の進化論』小山高正、伊藤紀子訳、大月書店、1993］

Cafazzo, Simona, Roberto Bonanni, Paola Valsecchi, and Eugenia Natoli. "Social variables affecting mate preferences, copulation and reproductive outcome in a pack of free-ranging dogs." *PLOS ONE* 9 (2014): e98594. https://doi.org/10.1371/journal.pone.0098594.

Cafazzo, Simona, Paola Valsecchi, Roberto Bonanni, and Eugenia Natoli. "Dominance in relation to age, sex, and competitive contexts in a group of free-ranging domestic dogs." *Behavioral Ecology* 21, no. 3 (2010): 443–55. https://doi.org/10.1093/beheco/arq001.

Campbell, Clare. *Bonzo's War: Animals under Fire, 1939–1945*. London: Constable, 2014.

Careau, Vincent, Denis Reale, Murray M. Humphries, and Donald W. Thomas. "The pace of life under artificial selection: personality, energy expenditure, and longevity are correlated in domestic dogs." *American Naturalist* 175, no. 6 (2010): 753–58.

Carrasco, Johanna J., Dana Georgevsky, Michael Valenzuela, and Paul D. McGreevy. "A pilot study of sexual dimorphism in the head morphology of domestic dogs." *Journal of Veterinary Behavior* 9, no. 1 (2014): 43–46.

Carter, Alecia. J., William E. Feeney, Harry H. Marshall, Guy Cowlishaw, Robert Heinsohn. "Animal personality: what are behavioural ecologists measuring?" *Biological Review* 88 (2013): 465–75.

Castelló, José R. *Canids of the World*. Princeton: Princeton University Press, 2018.

Cauchoix Maxime, Alexis S. Chaine, and Galdys Barragan-Jason. "Cognition in Context: Plasticity in Cognitive Performance in Response to Ongoing Environmental Variables." *Frontiers in Ecology and Evolution* 8 (2020): 106. https://doi.org/10.3389/fevo.2020.00106.

Chu, Erin T., Missy J. Simpson, Kelly Diehl, Rodney L. Page, Aaron J. Sams, and Adam R. Boyko. "Inbreeding depression causes reduced fecundity in Golden Retrievers." *Mammalian Genome* 30 (2019): 166.

Clauset, Aaron, and Douglas H. Erwin. "The Evolution and Distribution of Species Body Size." *Science* 321, no. 5887 (2008): 399–401.

Cooke, Robert S. C., Felix Eigenbrod, and Amanda E. Bates. "Projected losses of global mammal and bird ecological strategies." *Nature Communications* 10, no. 1 (2019). https://doi.org/10.1038/s41467-019-10284-z. Cools, Annamieke. K. A., Alain. J. M Van Hout, and Mark. H. J. Nelissen. "Canine reconciliation and third-party-initiated postconflict affiliation: do peacemaking social mechanisms in dogs rival those of higher primates?" *Ethology* 114 (2008): 53–63. https://onlinelibrary.wiley.com/doi/abs/10.1111/j.1439-0310.2007.01443.x.

Corrieri, Luca, Marco Adda, Ádám Miklósi, and Enikö Kubinyi. "Companion and free-ranging Bali dogs: Environmental links with personality traits in an endemic dog population of South East Asia." *PLOS ONE* 13, no. 6 2018): e0197354. https://doi.org/10.1371/journal.pone.0197354.

Dagg, Anne Innis. *The Social Behavior of Older Animals*. Baltimore: Johns Hopkins, 2009.

Dale, Rachel, Sylvain Palma-Jacinto, Sarah Marshall-Pescini, and Friederike Range. "Wolves, but not dogs, are prosocial in a touch screen task." *PLOS ONE* 14, no. 5 (2019): e0215444. https://doi.org/10.1371/journal.pone.0215444.

Dale, Rachel, Friederike Range, Laura Stott, Kurt Kotrschal, and Sarah Marshall-Pescini. "The influence of social relationship on food tolerance in wolves and dogs." *Behavioral Ecology and Sociobiology* 71 (2017): 107. https://doi.org/10.1007/s00265-017-2339-8.

Daniela, Sarah E., Rachel E. Fanelli, Amy Gilbert, and Sarah Benson-Amram. "Behavioral flexibility of a generalist carnivore." *Animal Cogni- tion* 22, no. 3 (2019): 387–96. https://doi.org/10.1007/s10071-019-01252-7.

Daniels, Thomas. "Conspecific Scavenging by a Young Domestic Dog."*Journal of Mammalogy* 68, no. 2 (1987): 416–18.

———. "The Social Organization of Free Ranging Urban Dogs. II. Estrous Groups and the Mating System." *Applied Animal Ethology* 10 (1983): 365–73.

Daniels, Thomas, and Marc Bekoff. "Domestication, Exploitation, and Rights." In *Explanation, Evolution, and Adaptation*, edited by Marc Bekoff and Dale Jamieson, 345–77. Vol. 2 of *Interpretation and Explanation in the Study of Animal Behavior*. Boulder, CO: Westview Press, 1990.

———. "Spatial and Temporal Resource Use by Feral and Abandoned Dogs." *Ethology* 81 (1989): 300–12.

Daniels, Thomas J., and Marc Bekoff. "Population and Social Biology of Free-Ranging Dogs, *Canis familiaris*." *Journal of Mammalogy* 70 (1989): 754–62.

———. "Feralization: The Making of Wild Domestic Animals." *Behavioural Processes* 19 (1989): 79–94.

Davis, Matt, Søren Faurby, and Jens-Christian Svenning. "Mammal diversity will take millions of years to recover from the current biodiversity crisis." *Proceedings of the National Academy of Sciences* 115, no. 44 (2018): 11262–67. https://doi.org/10.1073/pnas.1804906115.

Delon, Nicolas. "Pervasive captivity and urban wildlife." *Ethics, Policy and Environment* 23, no. 2 (2020): 123–43. https://doi.org/10.1080/21550085.2020.1848173.

Derr, Mark. *Dog's Best Friend: Annals of the Dog-Human Relationship*. Chicago: University of Chicago Press, 2004.

———. *A Dog's History of America: How Our Best Friend Explored, Conquered, and Settled a Continent*. Albany, CA: North Point Press, 2004.

———. *How the Dog Became the Dog: From Wolves to Our Best Friends*. New York: Abrams Press, 2011.

———. "Shifting Perspectives on How Dogs Came to Be Dogs." *Psychology Today*, September 23, 2019. Accessed April 15, 2020. https://www.psychologytoday.com /us / blog /dogs-best-friend /201909/shifting-perspectives-how-dogs-came-be-dogs.

Diamond, Jared. *Upheaval: How Nations Cope with Crisis and Change*. New York: Penguin Books, 2019.

Doherty, Tim S., Chris R. Dickman, Alistair S. Glen, Thomas M. Newsome, Dale G. Nimmo, Euan G. Ritchie, Abi T. Vanak, and Aaron J. Wirsing. "The global impacts of domestic dogs on threatened vertebrates." *Biological Conservation* 210 (2017):

56–59.

Donfrancesco, Valerio, Paolo Ciucci, Valeria Salvatori, David Benson, Liselotte Wesley Andersen, Elena Bassi, Juan Carlos Blanco, Luigi Boitani, Romolo Caniglia, Antonio Canu, et al. "Unravelling the Scientific Debate on How to Address Wolf-Dog Hybridization in Europe." *Frontiers in Ecology and Evolution* 7 (2019). https://doi.org/10.3389/fevo.2019.00175.

Doomsday Preppers. Produced by Sharp Entertainment NGC Studios/ Dominique Andrews Brian Stone. Aired February 7, 2012–August 28, 2014, on National Geographic channel. Original release. https://www.nationalgeographic.com.au/tv/doomsday-preppers/.

Drea, Christine, and Alissa Carter. "Cooperative problem solving in a social carnivore." *Animal Behaviour* 78 (2009): 967–77.

Edmunds, Grace L., Matthew J. Smalley, Sam Beck, Rachel J. Errington, Sara Gould, Helen Winter, Dave C. Brodbelt, Dan G. O'Neill. "Dog breeds and body conformations with predisposition to osteosarcoma in the UK: a case-control study." *Canine Medicine and Genetics* 8 (2021). https://doi.org/10.1186/s40575-021-00100-7.

Faragó, Tamás, Peter Pongrácz, Ádám Miklósi, Ludwig Huber, Zsófia Virányi, Friederike Range. "Dogs' Expectation about Signalers' Body Size by Virtue of Their Growls." *PLOS ONE* 5, no. 12 (2010): e15175. https://doi.org/10.1371/journal.pone.0015175.

Fawcett, Anne, Vanessa Barrs, Magdoline Awad, Georgina Child, Laurencie Brunel, Erin Mooney, Fernando Martinez-Taboada, Beth McDonald, and Paul McGreevy. "Consequences and Management of Canine Brachycephaly in Veterinary Practice: Perspectives from Australian Veterinarians and Veterinary Specialists." *Animals* (2018). https://www.mdpi.com/2076-2615/9/1/3/htm.

Feddersen-Petersen, Dorit. "Social Behaviour of Dogs and Related Canids." In *The Behavioural Biology of Dogs*, edited by Per Jensen, 105–19. Oxfordshire, UK: CAB International, 2007.

Font, Enrique. "Spacing and social organization: urban stray dogs revisited." *Applied Animal Behaviour Science* 17 (1987): 319–28. https://doi.org/10.1016/0168-1591(87)90155-9.

Fox, Michael W. *Behaviour of Wolves, Dogs, and Related Canids*. New York: Harper & Row, 1972.

———, ed. *The Wild Canids: Their Systematics, Behavioral Ecology and Evolution*. New York: Litton, 1975 (reprinted 2009 by Dogwise Publishing).

Francis, Richard C. *Domesticated: Evolution in a Man-Made World*. New York: W. W. Norton, 2016.

Frantz, Laurent A. F., Victoria E. Mullin, Maud Pionnier-Capitan, Ophélie Lebrasseur, Morgane Ollivier, Angela Perri, Anna Linderholm, Valeria Mattiangeli, Matthew D. Teasdale, Evangelos A. Dimopoulos, et al. "Genomic and archaeological evidence suggest a dual origin of domestic dogs." *Science* 352, no. 6290 (2016): 1228–31. https://doi.org/10.1126/science.aaf3161.

Fredrickson, Richard J., and Philip W. Hedrick. "Dynamics of hybridization and introgression in red wolves and coyotes." *Conservation Biology* 20 (2006): 1272–83.

Freedman, Adam H., Ilan Gronau, Rena M. Schweizer, Diego Ortega-Del Vecchyo, Eunjung Han, Pedro M. Silva, Marco Galaverni, Zhenxin Fan, Peter Marx, Belen Lorente-Galdos, et al. "Genome Sequencing Highlights the Dynamic Early History of Dogs." *PLOS Genetics* 10, no. 1 (2014): e1004016. https://doi.org/10.1371/journal.pgen.1004016.

Freedman, Daniel G., John A. King, and Oliver Elliot. "Critical Period in the Social Development of Dogs." *Science* 133 (1961): 1016–17. https://doi.org/10.1126/science.133.3457 1016. PMID: 13701603.

Galis, Frietson, Inke Van der Sluijs, Tom J. M. V. Van Dooren, Johan A. J. Metz, Marc Nussbaumer. "Do large dogs die young?" *Journal of Ex- perimental Zoology Part B: Molecular and Developmental Evolution* 308, no. 2 (2007): 119–26.

Galov, Ana, Elena Fabbri, Romolo Caniglia, Haidi Arbanasić, Silvana Lapalombella, Tihomir Florijančić, Ivica Bošković, Marco Galaverni, and Ettore Randi. "First evidence of hybridization between golden jackal (*Canis aureus*) and domestic dog (*Canis familiaris*) as revealed by genetic markers." *Royal Society Open Science* 2, no. 12 (2015): 150450. https://royalsocietypublishing.org/doi/10.1098/rsos.150450.

Gamborg, Christian, Bart Gremmen, Stine B. Christiansen, and Peter Sandøe. "De-Domestication: Ethics at the Intersection of Landscape Restoration and Animal Welfare." *Environmental Values* 19, no. 1 (2010): 57–78. https://doi.org/10.3197/096327110X485383.

Gardner, Howard. *Frames of Mind: The Theory of Multiple Intelligences*. New York: Basic Books, 1983.

Geffen, Eli, Michael Kam, Reuven Hefner, Pall Hersteinsson, Anders Angerbjörn, Love Dalèn, Eva Fuglei, Karin Norèn, Jennifer. R. Adams, John Vucetich, et al. "Kin encounter rate and inbreeding avoidance in canids." *Molecular Ecology* (2011): 5348–56. https://www.ncbi.nlm.nih.gov/pubmed/22077191.

Ghosh, B., D. K. Choudhuri, and B. Pal. "Some aspects of the sexual be- haviour of stray dogs, *Canis familiaris*." *Applied Animal Behaviour Science* 13, nos. 1–2 (1984): 113–27.

Gibson, Johanna. *Owned, An Ethological Jurisprudence of Property: From the Cave to the Commons*. Milton Park, Abingdon-on-Thames, Oxfordshire, UK: Routledge, 2020.

Girman, Derek. J., M. G. L. Mills, Eli Geffen, and Robert. K. Wayne. "A molecular genetic analysis of social structure, dispersal, and interpack relationships of the African wild dog (*Lycaon pictus*)." *Behavioral Ecology and Sociobiology* 40 (1997): 187–98.

Gomes da Silva, Roberto, and Alex Sandro Campos Maia. *Principles of Animal Biometeorology*. Dordrecht, Netherlands: Springer, 2013.

Gompert, Zachariah, and C. Alex Buerkle. "What, if anything, are hy- brids: enduring truths and challenges associated with population structure and gene flow." *Evolutionary Applications* 9 (2016): 909–23. https://doi.org/10.1111/eva.12380.

Gompper, Matthew E. "The dog–human–wildlife interface: assessing the scope of the problem." In *Free-Ranging Dogs and Wildlife Conservation*, edited by Matthew E. Gompper, 9–54. Oxford: Oxford University Press, 2014.

———. *Free-Ranging Dogs and Wildlife Conservation*. Oxford: Oxford University Press, 2014.

Goodwin, Deborah, John W. S. Bradshaw, and Stephen M. Wickens. "Paedomorphosis affects agonistic visual signals of domestic dogs." *Animal Behaviour* 53 (1997): 297–304.

Griffin, Donald. *Animal Minds*. Chicago: University of Chicago, Press. 1992.

Haraway, Donna J. *When Species Meet*. Minneapolis: University of Min- nesota Press, 2008.

Harrison, Richard G., and Erica L. Larson. "Hybridization, Introgression, and the Nature of Species Boundaries." *Journal of Heredity* 105 (2014): 795–809.

Healy, Kevin, Thomas H. G. Ezard, Owen R. Jones, Roberto Salguero Gómez, and Yvonne M. Buckley. "Animal life history is shaped by the pace of life and the distribution of age-specific mortality and reproduction." *Nature Ecology and Evolution* 3 (2019): 1217–24. https://doi.org/10.1038/s41559-019-0938-7.

Hecht, Erin E., Jeroen B. Smaers, William J. Dunn, Marc Kent, Todd M. Preuss, and David A. Gutman. "Significant neuroanatomical variation among domestic dog breeds." *Journal of Neuroscience* 2 (2019): 303–19. https://doi.org/10.1523/JNEUROSCI.0303-19.2019.

Heid, Markham. "How Dogs Would Fare without Us," *Time* special issue, "How Dogs Think" (2018): 60–65.

Hemmer, Helmut. *Domestication: The Decline of Environmental Appreciation*. Translated by Neil Beckhaus. Cambridge: Cambridge University Press, 1990.

Henry, J. David. *Red Fox: The Catlike Canine*. Washington, DC: Smithso- nian Institution Press, 1986.

Heppenheimer, Elizabeth, Kristin E. Brzeski, Ron Wooten, William Waddell, Linda Y. Rutledge, Michael J. Chamberlain, Daniel R. Stahler, Joseph W. Hinton, and Bridgett M. VonHoldt. "Rediscovery of Red Wolf Ghost Alleles in a Canid Population along the American Gulf Coast." *Genes* 9, no. 12 (2018). https://doi.org/10.3390/genes9120618.

Herborn, Katherine A., Ross MacLeod, Will T. S. Miles, Anneka N. B. Schofield, Lucile Alexander, and Kathryn E. Arnold. "Personality in captivity reflects personality in the wild." *Animal Behaviour* 79 (2010): 835–43.

Hernandez-Avalos, Ismael Daniel Mota-Rojas, Patricia Mora-Medina, Julio Martínez-Burnes, Alejandro Casas Alvarado, Antonio Verduzco Mendoza, Karina Lezama-García, and Adriana Olmos-Hernandez. "Review of different methods used for clinical recognition and assess- ment of pain in dogs and cats." *International Journal of Veterinary Science and Medicine* 7, no. 1 (2019): 43–54.

Herzog, Hal. "Is a Love of Dogs Mostly a Matter of Where You Live? Global dog demographics show the impact of culture on human-pet relationships." *Psychology Today*. Accessed April 14, 2020. https://www.psychologytoday.com/us/blog/animals-and-us/201908/is-love-dogs-mostly-matter-where-you-live.

Hiby, Elly F., Nicola J. Rooney, and John W. S. Bradshaw. "Behavioural and physiological responses of dogs entering re-homing kennels." *Physiology and Behavior* 89 (2006): 385–91.

Høgåsen, H. R, C. Er, A. Di Nardo, and P. Dalla Villa. "Free-roaming dog populations: A cost-benefit model for different management op- tions, applied to Abruzzo, Italy." *Preventive Veterinary Medicine* 112, nos. 3–4 (2013): 401–13. https://doi.

org/10.1016/j.prevetmed.2013.07.010. PMID: 23973012.

Holekamp, Kay E., and Sarah Benson-Amram. "The evolution of intelligence in mammalian carnivores." *Interface Focus* 7 (2017): 20160108. Horowitz, Alexandra, ed. *Domestic Dog Cognition and Behavior: The Scientific Study of Canis Familiaris*. New York: Springer 2014.

Horschler, Daniel J., Brian Hare, Josep Call, Juliane Kaminski, Ádám Miklósi, and Evan L MacLean. "Absolute brain size predicts dog breed differences in executive function." *Animal Cognition* 22 (2019): 187–98. https://doi.org/10.1007/s10071-018-01234-1.

Horváth, Zsuzsánna, Igyártó Botond-Zoltán, Attila Magyar, and Ádám Miklósi. "Three different coping styles in police dogs exposed to a short-term challenge." *Hormones and Behavior* 52, no. 5 (2007): 621–30.

Hunter, Luke. *Carnivores of the World*. Princeton: Princeton University Press, 2018.

Inoue, Mai, A. Hasegawa, Y. Hosoi, and K. Sugiura. "A current life table and causes of death for insured dogs in Japan." *Preventive Veterinary Medicine* 120, no. 2 (2015): 210–18.

Jensen, Per. *The Behavioural Biology of Dogs*. Oxfordshire, UK: CAB International, 2007.

———. "Mechanisms and Function in Behaviour." In *The Behavioural Biology of Dogs*, edited by Per Jensen, 61–75. Oxfordshire, UK: CAB International, 2007.

Jensen, Per, Mia Persson, Dominic Weight, Martin Johnsson, Ann-Sofie Sundman, and Lina Roth. "The Genetics of How Dogs Became Our Social Allies." *Current Directions in Psychological Science* 25, no. 5 (2016): 334–38.

Johnson-Ulrich, Lily, Sarah Benson-Amram, and Kay E. Holekamp. "Fitness Consequences of Innovation in Spotted Hyenas." *Frontiers in Ecology and Evolution* 22 (2019). https://doi.org/10.3389/fevo.2019.00443.

Johnston, Angie M., Courtney Turrin, Lyn Watson, Alyssa M. Arre, and Laurie R. Santos. "Uncovering the origins of dog–human eye contact: dingoes establish eye contact more than wolves, but less than dogs." *Animal Behaviour* 133 (2017): 123–29.

Jones, Amanda, and Samuel D. Gosling. "Temperament and personality in dogs (*Canis familiaris*): A review and evaluation of past research." *Applied Animal Behaviour Science* 95 (2005): 1–53.

Jung, Christoph, and Daniela Pörtl. "Scavenging Hypothesis: Lack of Evi- dence for Dog Domestication on the Waste Dump." *Dog Behavior* 2 (2018): 41–56.

Kaminski, Juliane, and Sarah Marshall-Pescini, *The Social Dog: Behaviour and Cognition*. San Diego, CA: Elsevier, 2014.

Kaminski, Juliane, Bridget M. Waller, Rui Diogo, Adam Hartstone-Rose, and Anne M. Burrows. "Evolution of facial muscle anatomy in dogs." *Proceedings of the National Academy of Sciences* 116, no. 29 (2019) 14677–81. https://doi.org/10.1073/pnas.1820653116.

Kean, Hilda. *The Great Dog and Cat Massacre: The Real Story of World War Two's Unknown Tragedy*. Chicago: University of Chicago Press, 2017.

Kitchtenham, Kate. *Streunerhunde: Von Moskaus U-Bahn-Hunden bis In- diens Underdogs* (German Edition). Stuttgart: Franckh-Kosmos, 2020.

Kjelgaard, Jim. *Desert Dog*. New York: Bantam Skylark, 1979.

Koolhaas, J. M., S. M. Korte, S. F. De Boer, B. J. Van Der Vegt, C. G. Van Reenen, H. Hopster, I. C. De Jong, M. A. W. Ruis, and H. J. Blokhuis. "Coping styles in animals: current status in behavior and stress physiology." *Neuroscience and Biobehavioral Reviews* 23, no. 7 (1999): 925–35.

Kopaliani, Natia, Maia Shakarashvili, Zurab Gurielidze, Tamar Qurkhuli, and David Tarkhnishvili. "Gene flow between wolf and shepherd dog populations in Georgia (Caucasus)." *Journal of Heredity* 105, no. 3 (2014): 345–53.

Kraus, Cornelia, Samuel Pavard, and Daniel E. L. Promislow, "The Size–Life Span Trade-Off Decomposed: Why Large Dogs Die Young." *American Naturalist* 181, no. 4 (April 2013): 492–505.

Kronfeld-Schor, Noga, Guy Bloch, and William J. Schwartz. "Animal clocks: when science meets nature." *Proceedings. Biological sciences* 280, no. 1765 (2013): 20131354. https://doi.org/10.1098/rspb.2013.1354. Lark, Karl G., Kevin Chase, and Nathan B. Sutter. "Genetic architecture of the dog: sexual size dimorphism and functional morphology." *Trends in Genetics* 22, no. 10 (2006): 537–44. https://doi.org/10.1016/j.tig.2006.08.009.

Larson, Rachel N., Justin L. Brown, Tim Karels, Seth P. D. Riley. "Ef- fects of urbanization on resource use and individual specialization in coyotes (*Canis latrans*) in southern California." *PLOS ONE* 15, no. 2 (2020): e0228881. https://doi.org/10.1371/journal.pone.0228881.

Lazzaroni, Martina, Friederike Range, Jessica Backes, Katrin Portele, Katharina Scheck, Sarah Marshall-Pescini. "The Effect of Domestication and Experience on the Social Interaction of Dogs and Wolves With a Human Companion." *Frontiers in Psychology*, 11 (2020): 785. https://doi.org/10.3389/fpsyg.2020.00785.

Lazzaroni, Martina, Friederike Range, Lara Bernasconi, Larissa Darc, Maria Holtsch, Roberta Massimei, Akshay Rao, and Sarah Marshall-Pescini. "The role of life experience in affecting persistence: A comparative study between free-ranging dogs, pet dogs and captive pack dogs." *PLOS ONE* 14, no. 4 (2019): e0214806. https://doi.org/10.1371/journal.pone.0214806.

Lemaître, Jean-François, Victor Ronget, Morgane Tidière, Dominique Allainé, Vérane Berger, Aurélie Cohas, Fernando Colchero, Dalia A. Conde, Michael Garratt, András Liker, Gabriel A. Marais, Alexander Scheuerlein, Tamás Székely, and Jean-Michel Gaillard. "Sex differences in adult lifespan and aging rates of mortality across wild mammals." *Proceedings of the National Academy of Sciences* (2020): 201911999. https://doi.org/10.1073/pnas.1911999117.

Lescureux, Nicolas, and John D. C. Linnell. "Warring brothers: The complex interactions between wolves (*Canis lupus*) and dogs (*Canis familiaris*) in a conservation context." *Biological Conservation* 171 (2014): 232–45. https://doi.org/10.1016/j.biocon.2014.01.032.

Leyhausen, Paul. "The Communal Organization of Solitary Animals." *Symposia of the Zoological Society of London* 14 (1965):

249–62.

Li, Yan, Bridgett M. Vonholdt, Andy Reynolds, Adam R. Boyko, Robert K. Wayne, Dong-Dong Wu, and Ya-Ping Zhang, "Artificial Selection on Brain-Expressed Genes during the Domestication of Dog." *Molecular Biology and Evolution* 30, no. 8 (2013): 1867–76. https://doi.org/10.1093/molbev/mst088.

Lockyear, K. M., W. T. Waddell, K. L. Goodrowe, and S. E. MacDonald. "Retrospective Investigation of Captive Red Wolf Reproductive Success in Relation to Age and Inbreeding." *Zoo Biology* 28 (2009): 214–29.

Lord, Kathryn, Mark Feinstein, and Bradley Smith, Raymond Coppinger. "Variation in reproductive traits of members of the genus *Canis* with special attention to the domestic dog (*Canis familiaris*)." *Behavioral Processes* 92 (2013): 131–42. https://doi.org/10.1016/j.beproc.2012.10.009.

Lorenz, Konrad. *Man Meets Dog*. New York: Routledge, 2002.

Lorimer, Jamie. *Wildlife in the Anthropocene: Conservation after Nature*. Minneapolis: University of Minnesota Press, 2015.

Losos, Jonathan. *Improbable Destinies: Fate, Chance, and the Future of Evolution*. New York: Riverhead Books, 2017.

MacArthur, Robert H., and Edward O. Wilson. *The Theory of Island Biogeography*. Princeton: Princeton University Press, 1967.

Macdonald, D. W., and G M. Carr. "Variation in dog society: between resource dispersion and social flux." In *The Domestic Dog*, 2nd ed., edited by James Serpell, 319–41. Cambridge: Cambridge University Press, 2017.

Macdonald, David, Scott Creel, and Michael G. H. Mills. "Canid Soci- ety." In *Biology and Conservation of Wild Canids*, edited by David W. Macdonald and Claudio Sillero-Zubiri, 85–106. New York: Oxford University Press, 2004.

Macdonald, David W., and Claudio Sillero-Zubili, eds. *The Biology and Conservation of Wild Canids*. New York: Oxford University Press, 2004.

Macdonald, David. W., Liz. A. D. Campbell, Jan. F. Kamler, Jorgelina Marino, Geraldine Werhahn, and Claudio Sillero-Zubiri. "Monogamy: Cause, Consequence, or Corollary of Success in Wild Canids?" *Frontiers in Ecology and Evolution* 7 (2019): 341. https://doi.org/10.3389/fevo.2019.00341.

Maglieri, Veronica, Filippo Bigozzi, Marco Germain Riccobono, and Elisabetta Palagi. "Levelling playing field: synchronization and rapid facial mimicry in dog-horse play." *Behavioural Processes* 174 (2020): 104104. https://doi.org/10.1016/j.beproc.2020.104104.

Majumder, Sreejani Sen, and Anindita Bhadra. "When Love Is in the Air: Understanding Why Dogs Tend to Mate When It Rains." *PLOS ONE* 10, no. 12 (2015). https://journals.plos.org/plosone/article?id=10.1371/journal.pone.0143501.

Majumder, Sreejani Sen, Paul Manabi, Sau Shubhra, and Anindita Bhadra. "Denning habits of free-ranging dogs reveal preference for human proximity." *Scientific Reports* 6 (2016): 32014.

Marshall-Pescini, Sarah, Franka S. Schaebs, Alina Gaugg, Anne Mein- ert, Tobias Deschner, and Friederike Range. "The Role of Oxytocin in the Dog–Owner Relationship." *Animals* 9 (2019): 792. https://www.mdpi.com/2076-2615/9/10/792.

Marshall-Pescini, Sarah, Jonas F. L. Schwarz, Inga Kostelnik,

Zsófia Virányi, and Friederike Range. "Importance of a species' socioecology: Wolves outperform dogs in a conspecific cooperation task." *Proceedings of the National Academy of Sciences* 114 (2017): 11793–98. https://www.pnas.org/content/114/44/11793.

Marshall-Pescini, Sarah, Paola Valsecchi, Irena Petak, Pier. Attilio Accorsi, Emanuela. P. Previde. "Does training make you smarter? The effects of training on dogs' performance (*Canis familiaris*) in a problem solving task." *Behavioural Processes* 78, no. 3 (2008): 449–54. PMID: 18434043.

Matter, Hans, and Thomas Daniels, "Dog Ecology and Population Biology." In *Dogs, Zoonoses, and Public Health*, edited by Calum Macpherson, François Meslin, and Alexander Wandeler, 17–62. New York: CABI Publishing, 2000.

McCain, Christy M., and Sarah R. King. "Body size and activity times mediate mammalian responses to climate change." *Global Change Biology* 20, no. 6 (2014): 1760–69. https://doi.org/10.1111/gcb.12499.

McGreevy, Paul, Tanya D. Grassi, and Alison M. Harman. "A strong correlation exists between the distribution of retinal ganglion cells and nose length in the dog." *Brain and Behavioral Science* 63, no. 1 (2004): 13–22.

McIntyre, Rick. *The Rise of Wolf 8: Witnessing the Triumph of Yellowstone's Underdog*. New York: Greystone, 2019.

McIntyre, R., J. B. Theberge, M. T. Theberge, D. W. Smith. "Behavioral and ecological implications of seasonal variation in the frequency of daytime howling by Yellowstone wolves." *Journal of Mammalogy* 98, no. 3 (2017): 827–34. https://doi.org/10.1093/jmammal/gyx034.

Mech, David. "Disproportionate Sex Ratios of Wolf Pups." *Journal of Wildlife Management* 39, no. 4 (1975): 737–40.

Mech, L. David. *The Wolf: The Ecology and Behavior of an Endangered Species*. Minneapolis: University of Minnesota Press, 1981.

Mech, L. David, and Luigi Boitani, eds. *Wolves: Behavior, Ecology, and Conservation*. University of Chicago Press: Chicago, 2003.

Miklósi, Ádám. *Dog Behaviour: Evolution and Cognition*, 2nd ed. New York: Oxford University Press, 2016.

———. "Human-Animal Interactions and Social Cognition in Dogs." In *The Behavioural Biology of Dogs*, edited by Per Jensen, 207–22. Oxfordshire, UK: CAB International, 2007.

Miklósi, Ádám, Enikö Kubinyi, József Topál, Márta Gácsi, Zsófia-Virányi, and Vilmos Csány. "A Simple Reason for a Big Difference: Wolves Do Not Look Back at Humans, but Dogs Do." *Current Biology* 13, no. 9 (2003): 763–66.

Miternique, Capellà Hugo, and Florence Gaunet. "Coexistence of Diversified Dog Socialities and Territorialities in the City of Concepción, Chile." *Animals* 10 (2020): 298.

Morey, Darcy F. *Dogs: Domestication and the Development of a Social Bond*. Cambridge: Cambridge University Press, 2010.

Mugford, Roger. "Behavioural Disorders." In *The Behavioural Biology of Dogs*, edited by Per Jensen, 225–42. Oxfordshire, UK: CAB Interna- tional, 2007.

Müller, Corsin A., Christina Mayer, Sebastian Dörrenberg, Ludwig Huber, and Friederike Range. "Female but not male dogs respond to a size constancy violation." *Biology Letters* 7, no. 5 (2011): 689–91. https://doi.org/10.1098/rsbl.2011.0287.

Nagasawa, Miho, Shouhei Mitsui, Shiori En, Nobuyo Ohtani, Mitsuaki Ohta, Yasuo Sakuma, Tatsushi Onaka, Kazutaka Mogi, Takefumi Ki- kusui. "Social evolution. Oxytocin-gaze positive loop and the coevolution of human-dog bonds." *Science* 348, no. 6232 (2015): 333–36. https://doi.org/10.1126/science.1261022.

Nesbitt, William H. "Ecology of a Feral Dog Pack on a Wildlife Refuge." In *The Wild Canids: Their Systematics, Behavioral Ecology and Evolution*, edited by Michael W. Fox, 391–96. New York: Litton, 1975.

Nicholas, Frank W., Elizabeth R. Arnott, Paul D. McGreevy. "Hybrid vigour in dogs?" *Veterinary Journal* 214 (2016): 77–83.

Packard, Jane M., Ulysses S. Seal, L. David Mech, and Edward D. Plotka. "Causes of Reproductive Failure in Two Family Groups of Wolves (*Canis lupus*)." *Zeitschrift für Tierpsychologie* 68 (1985): 24–40. https://doi.org/10.1111/j.1439-0310.1985.tb00112.x.

Packer, Rowena M. A., Anke Hendricks, Michael. S. Tivers, Charlotte. C. Burn. "Impact of Facial Conformation on Canine Health: Brachycephalic Obstructive Airway Syndrome." *PLOS ONE* 10, no. 10 (2015): e0137496. https://doi.org/10.1371/journal.pone.0137496.

Packer, Rowena. M. A., Anke Hendricks, Holger. A. Volk, Nadia. K. Shihab, Charlotte. C. Burn. "How Long and Low Can You Go? Effect of Conformation on the Risk of Thoracolumbar Intervertebral Disc Extrusion in Domestic Dogs." *PLOS ONE* 8, no. 7 (2013): e69650. https://doi.org/10.1371/journal.pone.0069650.

Pal, Sunil Kumar. "Factors influencing intergroup agonistic behaviour in free-ranging domestic dogs (*Canis familiaris*)." *Acta Ethologica* 18 (2015): 209–20.

———. "Mating system of free-ranging dogs (*Canis familiaris*)." *International Journal of Zoology* (2011): 1–10.

———. "Parental care in free-ranging dogs, *Canis familiaris*." *Applied Animal Behaviour Science* 90, no. 1 (2005): 31–47.

———. "Play behaviour during early ontogeny in free-ranging dogs (*Canis familiaris*)." *Applied Animal Behaviour Science* 126, nos. 3–4 (2010): 140–53.

———. "Population ecology of free-ranging urban dogs in West Bengal, India." *Acta Theriologica* 46, no. 2 (2001): 69–78.

Pal, S. K., B. Ghosh, S. Roy. "Agonistic behaviour of free-ranging dogs (*Canis familiaris*) in relation to season, sex and age." *Applied Animal Behaviour Science* 59, no. 4 (1998): 331–48.

———. "Inter- and intra-sexual behaviour of free-ranging dogs (*Canis familiaris*)." *Applied Animal Behaviour Science* 62 (1999): 267–78.

Pal, S. K., S. Roy, and B. Ghosh. "Pup rearing: the role of mothers and allomothers in free-ranging domestic dogs." *Applied Animal Behaviour Science* 234 (2020). https://doi.org/10.1016/j.applanim.2020.105181.

Palagi, Elisabetta, and Giada Cordoni. "Postconflict third-party affiliation in *Canis lupus*: do wolves share similarities with the great apes?" *Animal Behaviour* 78 (2009): 979–86. https://doi.org/10.1016/j.anbehav.2009.07.017.

Palagi, Elisabetta, Velia Nicotra, and Giada Cordoni. "Rapid mimicry and emotional contagion in domestic dogs." *Royal Society Open Science* 2, no. 12 (2015): 150505. https://doi.org/10.1098/rsos.150505.

Parker, Heidi G., Alexander Harris, Dayna L. Dreger, Brian W. Davis, and Elaine A. Ostrander. "The bald and the beautiful: hairlessness in domestic dog breeds." *Philosophical transactions of the Royal Society of London. Series B, Biological sciences* 372, no. 1713 (2017): 20150488. https://doi.org/10.1098/rstb.2015.0488.

Paschoal, Ana Maria, Rodrigo L. Massara, Larissa Bailey, Paul F. Doherty Jr., Paloma M. Santos, Adriano Paglia, Andre Hirsch, and Adriano G. Chiarello. "Anthropogenic Disturbances Drive Domestic Dog Use of Atlantic Forest Protected Areas." *Tropical Conserva- tion Science* 11 (2018): 1–14.

Paul, Manabi, and Anindita Bhadra. "The great Indian joint families of free-ranging dogs." *PLOS ONE* 13, no. 5 (2018). https://journals.plos.org/plosone/article?id=10.1371/journal.pone.0197328.

Paul, Manabi, Sreejani Sen Majumder, Shubhra Sau, Anjan K. Nandi, and Anindita Bhadra. "High early life mortality in free-ranging dogs is largely influenced by humans." *Scientific Reports* 6 (2016): 19641. https://doi.org/10.1038/srep19641.

Pérez-Manrique, Ana, and Antoni Gomila. "The comparative study of empathy: sympathetic concern and empathic perspective-taking in non-human animals." *Biological Reviews* 93 (2018): 248–69.

Perry, Laura R., Bernard MacLennan, Rebecca Korven, and Timothy A. Rawlings. "Epidemiological study of dogs with otitis externa in Cape Breton, Nova Scotia." *Canadian Veterinary Journal/La Revue vétérinaire canadienne* 58, no. 2 (2017): 168–74.

"Pets by the Numbers," HumanePro. Accessed April 15, 2020. https://humanepro.org/page/pets-by-the-numbers.

Pierce, Jessica. "Beyond Humans: Dog Utopia or Dog Dystopia?" *Psychology Today* (blog), October 18, 2018. https://www.psychologytoday.com /ca/ blog /all-dogs-go-heaven /201810/ beyond-humans-dog-utopia-or-dog-dystopia.

———. *Run, Spot, Run: The Ethics of Keeping Pets*. Chicago: University of Chicago Press, 2016.

Pongrácz, Péter, and Sára S. Sztruhala. "Forgotten, But Not Lost — Alloparental Behavior and Pup–Adult Interactions in Companion Dogs." *Animals* 9 (2019): 1011.

Price, E. O. "Behavioral development in animals undergoing domestication." *Applied Animal Behaviour Science* 65 (1999): 245–71.

Price, Edward O. "Behavioral Aspects of Animal Domestication." *Quar- terly Review of Biology* 59, no. 1 (1984): 1–26.

Purcell, Brad. *Dingo*. Collingwood, Australia: CSIRO Publishing, 2010.

Quervel-Chaumette, Mylene, Viola Faerber, Tamás Faragó Sarah Marshall-Pescini, Friederike Range. "Investigating Empathy-Like Responding to Conspecifics' Distress in Pet Dogs." *PLOS ONE* 11, no. 4 (2016): e0152920. https://doi.org/10.1371/journal.pone.0152920.

Ralls, Katherine, P H. Harvey, and A. M. Lyles, and M. Soulé. "Inbreeding in natural populations of birds and mammals." In *Conservation Biology: The Science of Scarcity and Diversity*, edited by Michael E. Soulé, 35–56. Sunderland, MA: Sinauer Associates, 1986.

Range, Friederike, Alexandra Kassis, Michael Taborsky, Mónica Boada, and Sarah Marshall-Pescini. "Wolves and dogs recruit human partners in the cooperative string-pulling task." *Scientific Reports* 9 (2019): 17591. https://doi.org/10.1038/s41598-019-53632-1.

Range, Friederike, Sarah Marshall-Pescini, Corrina Kratz, and Zsófia Virányi. "Wolves lead and dogs follow, but they both co-operate with humans." *Scientific Reports* 9 (2019): 3796.

Riach, Anna C., Rachel Asquith, and Melissa L. D. Fallon. "Length of time domestic dogs (*Canis familiaris*) spend smelling urine of gonadectomised and intact conspecifics." *Behavioural Processes* 142 (2017): 138–40. https://pubmed.ncbi.nlm.nih.gov/28689817/.

Ritchie, Euan G., Christopher R. Dickman, Mike Letnic, and Abi Tamim Vanak. "Dogs as predators and trophic regulators." In *Free-Ranging Dogs and Wildlife Conservation*, edited by Matthew Gompper, 55–68. New York: Oxford University Press, 2014.

Robinson, Jacqueline A., Jannikke Räikkönen, Leah M. Vucetich, John A. Vucetich, Rolf O. Peterson, Kirk E. Lohmueller, and Robert K. Wayne. "Genomic signatures of extensive inbreeding in Isle Royale wolves, a population on the threshold of extinction." *Science Advances* 5, no. 5 (2019).

Rueb. Emily S., and Niraj Chokshi. "Labradoodle Creator Says the Breed Is His Life's Regret," *New York Times*, September 25, 2019. Accessed April 15, 2020. https://www.nytimes.com/2019/09/25/us/labradoodle-creator-regret.html.

Saetre, Peter, Julia Lindberg, Jennifer A. Leonard, Kerstin Olsson, Ulf Petterssond, Hans Ellegrena, Tomas F. Bergstro, Carles Vila, and Elena Jazin. "From wild wolf to domestic dog: gene expression changes in the brain." *Molecular Brain Research* 126 (2004): 198–206.

Salt, Carina, Penelope J. Morris, Derek Wilson, Elizabeth. M. Lund, and Alexander J. German. "Association between life span and body condition in neutered client-owned dogs." *Journal of Veterinary In- ternal Medicine* 33, no. 1 (2019): 89–99. https://doi.org/10.1111/jvim.15367.

Samuel, Lydia, Charlotte Arnesen, Andreas. Zedrosser, Frank Rosell. "Fears from the past? The innate ability of dogs to detect predator scents." *Animal Cognition* 23 (2020): 721–29. https://doi.org/10.1007/s10071-020-01379-y.

Sands, Jennifer, and Scott Creel. "Social dominance, aggression and faecal glucocorticoid levels in a wild population of wolves, *Canis lupus*." *Animal Behaviour* 67 (2004): 387–96.

Santicchia, Francesca, Claudia Romeo, Nicola Ferrari, Erik Matthysen, Laure Vanlauwed, Lucas A. Wauters, and Adriano Martinoli. "The price of being bold? Relationship between personality and endoparasitic infection in a tree squirrel." *Mammalian Biology* 97 (2019): 1–8. https://doi.org/10.1016/j.mambio.2019.04.007.

Sarkar, Rohan, Shubhra Sau, and Anindita Bhadra. "Scavengers can be choosers: A study on food preference in free-ranging dogs." *Applied Animal Behaviour Science* 216 (2019): 38–44.

Savolainen, Peter. "Domestication of Dogs." In *The Behavioural*

Biology of Dogs, edited by Per Jensen, 21–37. Oxfordshire, UK: CAB International, 2007.

Scandurra, Anna, Alessandra Alterisio, Anna Di Cosmo, and Biagio D'Aniello. "Behavioral and Perceptual Differences between Sexes in Dogs: An Overview." *Animals* 8, no. 9 (2018): 151. https://doi.org/10.3390/ani8090151.

Schenkel, Rudolf. "Expressions Studies on Wolves." *Behaviour* 1 (1947): 81–129. http://davemech.org/wolf-news-and-information/schenkels-classic-wolf-behavior-study-available-in-english/.

Schilthuizin, Menno. *Darwin Comes to Town*. New York: Picador, 2018.

Scott, John Paul, and John L. Fuller. *Genetics and the Social Behavior of the Dog*. Chicago: University of Chicago Press, 1965.

Seyle, Hans. *The Stress of Life*. New York: McGraw-Hill, 1978.

Shipman, Pat. *The Invaders: How Humans and Their Dogs Drove Nean-derthals to Extinction*. Cambridge, MA: Harvard University Press, 2015.

———. "What the dingo says about dog domestication." *Anatomical Record* 304 (2021): 19–30. https://doi.org/10.1002/ar.24517.

Sidorovich, V. E., V. P. Stolyarov, N. N. Vorobei, N. V. Ivanova, and B. Jędrzejewska. "Litter size, sex ratio, and age structure of gray wolves, Canis lupus, in relation to population fluctuations in northern Belarus." *Canadian Journal of Zoology* 85 (2007): 295–300. https://doi.org/10.1139/Z07-001.

Signore, Anthony V., Ying-Zhong Yang, Quan-Yu Yang, Ga Qin, Hideaki Moriyama, Ri-Li Ge, Jay F. Storz. "Adaptive Changes in Hemoglobin Function in High-Altitude Tibetan Canids Were Derived via Gene Conversion and Introgression." *Molecular Biology and Evolution* 36, no. 10 (2019): 2227–37. https://doi.org/10.1093/molbev/msz097.

Silk, Matthew J., Michael. A. Cant, Simona Cafazzo, Eugenia Natoli, Rob- bie. A. McDonald. "Elevated aggression is associated with uncertainty in a network of dog dominance interactions." *Proceedings of the Royal Society B* 286 (2019): 20190536. http://dx.doi.org/10.1098/rspb.2019.0536.

Silva, Karine, and Liliana de Sousa. "'*Canis empathicus*'? A proposal on dogs' capacity to empathize with humans." *Biology Letters* (2011). http://doi.org/10.1098/rsbl.2011.0083.

Smith, Bradley, ed. *The Dingo Debate: Origins, Behaviour and Conserva- tion*. Collingwood, Australia: CSIRO Publishing, 2015.

Smith, Deborah, Thomas Meier, Eli Geffen, L. David Mech, John W. Burch, Layne G. Adams, Robert K. Wayne. "Is incest common in gray wolf packs?" *Behavioral Ecology* 8 (1997): 384–91.

Sober, Elliot. *The Nature of Selection*. Chicago: University of Chicago Press, 1993.

Špinka, Marek, Ruth C. Newberry, and Marc Bekoff. "Mammalian play: Training for the unexpected." *Quarterly Review of Biology* 76 (2001): 141–68.

Spotte, Stephen. *Societies of Wolves and Free-ranging Dogs*. Oxford: Ox- ford University Press, 2012.

Stearns, Stephen C. *The Evolution of Life Histories*. Cambridge: Cam- bridge University Press, 1992.

———. "Life-History Tactics: A Review of the Ideas." *Quarterly Review of Biology* 51, no. 1 (1976): 3–47.

———. "Trade-offs in life history evolution." *Functional Ecology* 3 (1989): 259–68.

Sumner, Rebecca N., Mathew Tomlinson, Jim Craigon, Gary C. W. England, and Richard G. Lea. "Independent and combined effects of diethylhexyl phthalate and polychlorinated biphenyl 153 on sperm quality in the human and dog." *Scientific Reports* 9, no. 1 (2019). https://doi.org/10.1038/s41598-019-39913-9.

Swanson, Heather Anne, Marianne Elisabeth Lien, and Gro B. Ween, eds. *Domestication Gone Wild: Politics and Practices of Multispecies Re- lations*. Durham, NC: Duke University Press, 2018.

Szabo Birgit, Isabel Damas-Moreira, and Martin J. Whiting. "Can Cognitive Ability Give Invasive Species the Means to Succeed? A Review of the Evidence." *Frontiers in Ecology and Evolution* (2020): 187. https://doi.org/10.3389/fevo.2020.00187.

Thomson, Jessica E., Sophie S. Hall, and Daniel S. Mills. "Evaluation of the relationship between cats and dogs living in the same home." *Journal of Veterinary Behavior* 27 (2018): 35–40.

Turcsán, Borbála, Lisa Wallis, Zsófia Virányi, Friederike Range, Corsin A. Müller, Ludwig Huber, Stefanie Riemer. "Personality traits in companion dogs—Results from the VIDOPET." *PLOS ONE* 13, no. 4 (2018): e0195448. https://doi.org/10.1371/journal.pone.0195448.

Turnbull, Jonathan. "Checkpoint dogs: Photovoicing canine companionship in the Chernobyl Exclusion Zone." *Anthropology Today* 36 (2020): 21–24. https://doi.org/10.1111/1467-8322.12620.

Úbeda, Yulán, Sara Ortin, Judy St. Leger, Miquel Llorente, and Javier Almunia. "Personality in Captive Killer Whales (*Orcinus orca*): A Rating Approach Based on the Five-Factor Model." *Journal of Comparative Psychology* 133 (2019): 253–61.

Van Lawick-Goodall, Hugo, and Jane van Lawick-Goodall. *Innocent Killers*. Boston: Houghton & Mifflin, 1971.

Vanak, Abi Tamim, Christopher R. Dickman, Eduardo A. Silva-Rodríguez, James R. A. Butler, and Euan G. Ritchie. "Top-dogs and underdogs: Competition between dogs and sympatric carnivores." In *Free-Ranging Dogs and Wildlife Conservation*, edited by Matthew E. Gompper, 69–87. Oxford: Oxford University Press, 2014.

Vanak, Abi Tamim, and Matthew E. Gompper. "Dogs *Canis familiaris* as carnivores: Their role and function in intraguild competition." *Mammalian Review* 39 (2009): 265–83.

———. "Interference competition at the landscape level: The effect of free-ranging dogs on a native mesocarnivore." *Journal of Applied Ecology* 47 (2010): 1225–32.

———. "Dietary niche separation between sympatric free-ranging domestic dogs and Indian foxes in central India." *Journal of Mammalogy* 90 (2009): 1058–65.

Vilà, Carles, and Jennifer A. Leonard. "Origin of Dog Breed Diversity." In *The Behavioural Biology of Dogs*, edited by Per Jensen, 38–58. Ox- fordshire, UK: CAB International, 2007.

Vindas, Marco A., Marnix Gorissen, Erik Höglund, Gert Flik, Valentina Tronci, Børge Damsgård, Per-Ove Thörnqvist, Tom O. Nilsen, Svante Winberg, Øyvind Øverli, and Lars O. E. Ebbesson. "How do individuals cope with stress? Behavioural, physiological and neuronal differences between proactive and reactive coping styles in fish." *Jour- nal of Experimental Biology* 220 (2017): 1524–32. https://doi.org/10.1242/jeb.153213.

Vonholdt, Bridgett M., Daniel. R. Stahler, Douglas W. Smith, Dent A. Earl, John. P. Pollinger, and Robert K. Wayne. "The genealogy and genetic viability of reintroduced Yellowstone grey wolves." *Molecular Ecology* 17, no. 1 (2008): 252–74.

Wallace-Wells, David. *The Uninhabitable Earth—Life after Warming*. New York: Tim Duggan Books, 2019.

Walsh, Bryan. *End Times: A Brief Guide to the End of the World*. New York: Hachette Books, 2019.

Wang, Xiaoming, and Richard H. Tedford. "Evolutionary History of Canids." In *The Behavioural Biology of Dogs*, edited by Per Jensen, 3–20. Oxfordshire, UK: CAB International, 2007.

Wayne, Robert K., and Stephen J. O'Brien. "Allozyme divergence within the Canidae." *Systematic Zoology* 36 (1987): 339–55.

Weisman, Alan. *The World without Us*. New York: St. Martin's Press, 2007.〔アラン・ワイズマン『人類が消えた世界』鬼澤忍訳、早川書房、2008〕

Weiss, Alexander. "Personality Traits: A View from the Animal Kingdom." *Journal of Personality* 86 (2018): 12–22.

West-Eberhard, Mary Jane. "Phenotypic Plasticity." *Encyclopedia of Ecology* (2008): 2701–7.

Wheat, Christina Hansen, John L. Fitzpatrick, Björn Rogell, and Hans Temrin. "Behavioural correlations of the domestication syndrome are decoupled in modern dog breeds." *Nature Communications* 10 (2019): 2422.

Wiley, R. Haven, "Social Structure and Individual Ontogenies: Problems of Description, Mechanism, and Evolution." In *Perspectives in Ethology*, edited by P. P. G. Bateson and P. H. Klopfer, 105–33. Boston: Springer, 1981.

Wilkins, Adam S., Richard W. Wrangham, and W. Tecumseh Fitch. "The 'Domestication Syndrome' in Mammals: A Unified Explanation Based on Neural Crest Cell Behavior and Genetics." *Genetics* 197, no. 3 (2014): 795–808. https://doi.org/10.1534/genetics.114.165423.

Wolf, Max, and Franz. J. Weissing, "Animal personalities: consequences for ecology and evolution." *Trends Ecology and Evolution* 27 (2012): 452–61.

Woodyatt, Amy. "Is it a dog or is it a wolf? 18,000-year-old frozen puppy leaves scientists baffled." CNN, November 27, 2019. Accessed April 14, 2020. https://www.cnn.com/travel/article/frozen-puppy-intl-scli-scn/index.html.

Worboys, Michael, Julia-Marie Strange, and Neil Pemberton. *The Invention of the Modern Dog: Breed and Blood in Victorian Britain*. Baltimore: Johns Hopkins University Press, 2018.

Young, Julie K., Kirk A. Olson, Richard P. Reading, Sukh Amgalanbaatar, and Joel Berger. "Is Wildlife Going to the Dogs? Impacts of Feral and Free-roaming Dogs on Wildlife Populations." *BioScience* 61 (2011): 125–32. https://academic.oup.com/bioscience/article/61/2/125/242696.

訳者あとがき

本書は二〇二一年にプリンストン大学出版局から出版された *A Dog's World : Imagining the Lives of Dogs in a World Without Humans* の全訳である。

ある日突然、人類が忽然と消えてしまったらイヌはどうなるのだろうか。突拍子もない問いかけに聞こえるが、なかなか興味深いテーマでもある。イヌはオオカミに戻るのか。それとも、食料を提供してくれていた人間がいなくなることで、イヌも滅亡してしまうのか。イヌは人間と密接に関わり、ともに進化してきた動物だ。その人間がいなくなったとき、イヌは生き残れるのか。もし生き残るとしたら、心身にどのような変化が起き、どのような生活を送ることになるのだろうか。

本書で著者たちが試みるのは、人類が滅亡したらイヌはどうなるのかを想像する思考実験だ。著者で生命倫理学者のジェシカ・ピアスと動物行動学者のマーク・ベコフは、アラン・ワイズマンの著書『人類が消えた世界』に触発され、人類が滅亡した世界をイヌに焦点をあてて考えてみることにしたという。まずは地球上に住むイヌの現状を把握することから彼らの思考実験はスタートする。さらに、今いるイヌたちは人類が消えても生き残れるのか、生き残ったイヌたちの外見はどう変化するのかを考え、彼らの繁殖の変化や、仲間やほかの動物との関わり方を形態学的、行動学的、社会学的な側面から予測していく。

最初の家畜として進化し、人間の最良の友となったイヌは、人間によって繁殖を管理され、人間の生活に役立つように、そして人間の美的嗜好を満足させるように改良されてきた。そんなイヌたちのなかにはその過程で、野生とはほど遠い姿となったり、健康を損なうほどの改良をされてしまったものも少なくない。

そのように人間と密接な絆を結び、人間の都合で改良されてきたイヌが人類滅亡後の世界で生きていく姿を想像すること、それはイヌが人間抜きで生き残っていくためには何が必要で、何が不要かを炙り出す作業だ。これまで人間が血道を上げてきた犬種改良は、はたして何を彼らにもたらしたのか。そしてその犬種改良は、イヌがイヌだけの世界で生き残る可能性にどのような影響を与えるのか。著者たちは、さまざまな研究データをもとに、想像の翼を広げていく。

さらに彼らの想像は、人類が滅亡した時に備えて、私たちは愛犬のためにどんな準備をしてやれるのかにまで及ぶ。人間がいなくなった世界で愛犬たちを苦しませないために、人間は何ができるのか。その準備は、野生でも生き抜ける能力を身につけさせるといった穏当なものから、イヌの絶対数を減らすといった過激なものまで幅広い。極端とも言えるそのような選択肢を一つひとつ検討できるのもこのような思考実験の醍醐味だろう。

現在、地球上には約一〇億匹のイヌが存在するが、飼い犬はわずか一億八〇〇〇万匹、残りの約七億二〇〇〇万匹は野犬と自由に歩き回るイヌだという。これは日本ではあまりピンとこない数字だ。そもそも現代の日本では、自由にうろついているイヌにお目にかかることなどほとんどないし、野犬の群れが現れようものならニュースになるくらいだ。けれど世界に目を転じれば、飼い犬よりも、人間とゆるい関係を保ちながら自由に歩き回っているイヌや野犬のほうがその数はずっと多い。

人間とイヌの数の相対数は国によって非常にばらつきが大きく、本書によれば人間一〇〇〇人あたり、サウジアラビアでは二匹から三匹だが、アメリカでは約二二五匹、フィリピンおよびそのほかの多くの大西洋諸島で二五〇匹から四〇〇匹、チリの地方部では約八〇〇匹だという。

そのようにイヌの多い地域に住む野犬や自由に歩き回るイヌ（飼い犬と野犬の中間に位置する）は、私たち日本人があまり目にすることのない存在感で人間と共存している。人間との関係性が希薄な彼らは、飼い犬よりも人類滅亡後のイヌに一歩近い存在だ。そんな彼らの生態や生活を知ることは、イヌ本来の姿を知ることであり、それは人間のいない未来のイヌの姿を予測する材料にもなる。

では、そうやって未来の犬の姿を想像した先に何があるのか。じつは人間のいない世界に生きるイヌを思い描くことは、本書のもう一つのテーマ「人間とイヌの倫理的で、より良い関係を考える」ことにつながる。著者たちは、未来のイヌを想像する過程でイヌという動物の本来の姿をつまびらかにし、イヌにとって最善の生活とはどのような生活で、そのような生活を愛犬に提供するために私たちは何をすべきかを提案していく。

また本書では、「イヌは人間がいないほうが幸せなのでは」という、愛犬家が聞いたらドキリとする可能性も探っている。その答えを探すために、著者たちは人間がいなくなることでイヌが経験するメリットとデメリットを挙げているが、これはなかなか興味深いリストなので、ぜひ細かく見ていただきたい。イヌにとって人間がいなくなることのメリットが思いのほか多いことに、がっかりする人もいるかもしれない。しかしイヌの視点で人間の存在を考えることで、イヌと私たち人間の関係に新たな光をあてることができるはずだ。

本書によれば、日本ではこの三〇年で国民一〇〇〇人あたりのイヌの数が二〇匹から九〇匹に激増したという。おそらくイヌを飼うという習慣がいまだかつてない勢いで盛んになったからだろう。したがって日本では、野犬や自由に歩き回るイヌとして暮らしているイヌより、飼い犬が圧倒的に多いと思われる。最近では室内で飼われているイヌも多く、服を着せられたり、乳母車風のカートに乗せられたりと、人間の子ども並みに大事にされているイヌも少なくない。そんなイヌたちを見慣れている私たちには、イヌだけの世界で生きていくイヌの姿はおろか、イヌ本来の姿を想像することさえ難しい。本書の思考実験はイヌという動物の本来の姿を明らかにし、彼らにとっての最善の生活を私たちに教えてくれる。もしかしたら本書を読み終わったとき、愛犬や通りすがりのイヌに対するあなたの見方は少し変わるかもしれない。

本書の訳出にあたっては、青土社編集部の篠原一平氏、坂本龍政氏にたいへんお世話になった。この場を借りて、心よりお礼を申し上げたい。

二〇二二年九月

索引

さ行

た行

な行

は行

ま行

や行

ら行

わ行

アルファベット

［著者］ジェシカ・ピアス（Jessica Pierce）
コロラド大学アンシュッツ医学部教員（生命倫理・人文科学センター）。
著書に *Run, Spot, Run: The Ethics of Keeping Pets* などがある。

［著者］マーク・ベコフ（Marc Bekoff）
コロラド大学ボルダー校名誉教授（生態学・進化生物学）。
著書に『愛犬家の動物行動学者が教えてくれた秘密の話』（エクスナレッジ）などがある。

［訳者］吉嶺英美
翻訳家。サンノゼ州立大学社会科学部歴史科卒業。訳書にリチャード・ホートン『なぜ新型コロナを止められなかったのか』、ロビン・ダンバー『なぜ私たちは友だちをつくるのか』、（以上青土社）、エリック・バーコウィッツ『性と懲罰の歴史』（共訳・原書房）、『アマゾンの白い酋長』（翔泳社）などがある。

犬だけの世界
人類がいなくなった後の犬の生活

2022年10月20日 第1刷印刷
2022年11月10日 第1刷発行

著者――ジェシカ・ピアス＋マーク・ベコフ
訳者――吉嶺英美

発行者――清水一人
発行所――青土社

〒101-0051 東京都千代田区神田神保町1-29 市瀬ビル
［電話］03-3291-9831（編集） 03-3294-7829（営業）
［振替］00190-7-192955

組版――フレックスアート
印刷・製本――ディグ

装幀――大倉真一郎

ISBN978-4-7917-7507-1 C0045
Printed in Japan